图说建筑工种轻松速成系列

图说测量放线工技能
轻松速成

主编　许佳琪

参编　白雅君　高　飞　刘　明　史浩江
　　　王小东　王志良　杨梦乔　于　璐
　　　张　萌　张钟文　赵华宇

U0352308

机 械 工 业 出 版 社

本书根据测量放线工的特点，从零起点的角度，采用图解的方式讲解了测量放线工应掌握的操作技能，主要包括：测量放线基础知识、测量仪器及设备的使用、测量放线方法、地形测量、建筑施工测量、建筑物变形观测及施工安全。

本书可作为测量放线工培训使用，也可作为测量相关专业人员及大专院校相关专业师生阅读参考。

图书在版编目（CIP）数据

图说测量放线工技能轻松速成/许佳琪主编. —北京：机械工业出版社，2016.5

（图说建筑工种轻松速成系列）

ISBN 978-7-111-53543-0

Ⅰ.①图…　Ⅱ.①许…　Ⅲ.①建筑测量-图解　Ⅳ.①TU198-64

中国版本图书馆 CIP 数据核字（2016）第 077829 号

机械工业出版社（北京市百万庄大街 22 号　邮政编码 100037）
策划编辑：薛俊高　责任编辑：薛俊高　责任校对：薛　娜
封面设计：马精明　责任印制：常天培
涿州市京南印刷厂印刷
2016 年 6 月第 1 版第 1 次印刷
184mm×260mm · 11.25 印张 · 262 千字
标准书号：ISBN 978-7-111-53543-0
定价：35.00 元

前　言

　　建筑业是我国国民经济的重要支柱产业之一，在建设领域测量是贯穿于全过程、实践性强、操作性要求较高的基本技术，是从事土木工程规划设计与施工技术工作的基础。测量广泛应用于基础建设领域的房屋建筑、交通、能源、水电等工程的勘测设计、施工和管理各阶段，也是建筑工程人员必备的技能。

　　目前，随着高科技的发展，用于施工测量工作的全站仪、GPS技术已经逐渐在取代传统而落后的测量方法，而当前社会的测量放线技术人员不能仅仅局限于传统技术的掌握，应当勇于进取，不断学习，以适应新科技带来的改变。为了帮助测量放线工熟练掌握测量放线的技能要求，我们组织相关专业人员编写了本书。

　　本书主要有以下几大特点：

　　（1）有完整的架构体系，特别是附有基础知识、基本概念和安全知识的讲解，适合于测量放线工培训使用。

　　（2）随文附有实物照片图和现场作业图及漫画插图，能更多层次，立体形象地展示操作要点和技能。

　　（3）文前附有本章重点难点提示，文后附本章小结及综述，以便于读者对重点内容的掌握。

　　相信通过学习，广大测量放线工可以凭借一技之长，在顺利走上就业岗位的同时也能提升岗位技能。本书内容主要包括：测量放线基础知识、测量仪器及设备的使用、测量放线方法、地形测量、建筑施工测量、建筑物变形观测及施工安全。本书可作为测量放线工培训使用，也可作为测量相关专业人员及大专院校相关专业师生阅读参考。

　　由于编者水平有限，书中不妥之处在所难免，敬请广大读者批评指正。

编　者

2016 年元月

目 录

第 1 章

测量放线基础知识

本章重点难点提示

> 1. 了解测定地面点平面位置及高程的方法。
> 2. 熟悉测量放线的常用计量单位。
> 3. 了解各种测量坐标系及高程系统，在测量工作中得以应用。
> 4. 了解各种测量误差的来源与分类，在测量工作尽量避免出现误差。

1.1 测量放线的工作内容

1. 测定地面点平面位置

测定地面点平面位置时，通常不直接来测定，而是通过测量水平角和水平距离并经计算而求得。

如图 1-1 所示，在图中的坐标系中，如果能测得原点 O 附近 A 点的位置，那么只要能够测得水平角度 α_1（也称为方位角）及距离 D_1，用三角公式可算出点 A 的坐标，$x_1 = D_1\cos\alpha_1$，$y_1 = D_1\sin\alpha_1$。如此再测得角度 β_1、β_2、……，测得 D_2、D_3、……，利用数学中极坐标和直角坐标的互换公式，即可推算出 B、C、……点的坐标数值。

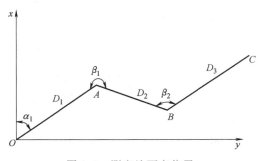

图 1-1 测定地面点位置

因此，测定地面点平面位置，只要从坐标原点开始，逐点测得水平角和水平距离，就可推算出所测点的坐标，确定其平面位置。

2. 测定地面点的高程

要想测定地面点的高程，只要已知其中一点的高程，再测得两点之间的高差，进而便可推算出欲求点的高程。

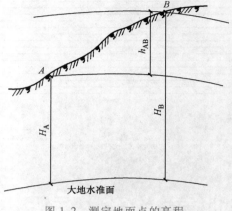

如图 1-2 所示，设 A 为已知高程点，B 为待定点。利用高差公式 $H_B = H_A + h_{AB}$，如果测得 A、B 之间的高差 h_{AB}，即可算出 B 点的高程。

因此，测定地面点高程的主要测量工作即是测量高差工作。

图 1-2 测定地面点的高程

1.2 测量放线常用计量单位

1. 长度单位

国际通用长度基本单位为米（m），我国采用国际长度基本单位作为法定长度计量单位，采用的米（m）制与其他长度单位关系如下：

1m（米）= 10dm（分米）= 100cm（厘米）= 1000mm（毫米）= $10^6 \mu m$（微米）= $10^9 nm$（纳米）

1km（千米）= 1000m（米）

2. 面积与体积单位

我国法定的面积单位，当面积较小时用平方米（m^2），当面积较大时用平方千米（km^2），$1km^2 = 10^6 m^2$。体积单位规定用立方米或方（m^3）。

3. 时间单位"秒"

经典的时间标准是用天文测量方法测定的。设将测量仪器的望远镜指向天顶，则某一天体连续两次通过望远镜纵丝的时间间隔就等于 24h（小时）。1h 的 1/3600 就等于 1s（秒）。当然精确的"秒"要用一年甚至几年的时间间隔细分后求得。自 20 世纪 70 年代起则改用原子钟取得时间的标准。

4. 其他长度单位换算

1mile（英里）= 1.6093km，1yd（码）= 3ft（英尺）

1ft（英尺）= 12in（英寸）= 30.48cm

1in（英寸）= 2.54cm

1n mile（海里）= 1.852km = 1852m

1 里 = 500m

1 丈 = 10 尺 = 100 寸，1 尺 = 1/3m

5. 角度单位换算

1 度（d）= 60 分（m）= 3600 秒（s）

$\rho° = 180°/\pi = 57.30° = 3438' = 206265''$

6. 测量数据计算的凑整规则

测量数据在成果计算过程中，往往涉及凑整问题。为了避免凑整误差的积累而影响测量成果的精度，通常采用以下凑整规则：被舍去数值部分的首位大于 5，则保留数值最末位加1；被舍去数值部分的首位小于 5，则保留数值最末位不变；被舍去数值部分的首位等于 5，则保留数值最末位凑成偶数。即大于 5 则进，小于 5 则舍，等于 5 视前一位数而定，奇进偶不进。如下列数字凑整后保留三位小数时，3.14159→3.142（奇进），2.64575→2.646（进1），1.41421→1.414（舍去），7.14256→7.142（偶不进）。

1.3 地面点位置表示

1. 地球形状及大小

测量要在地球表面进行，地球表面是不平的，也是不规则的。虽然地球表面深浅不一，但相对于半径为 6371km 的地球来说还是很小的。就整个地球而言，71%是被海洋所覆盖，因此人们把地球总的形状看成是被海水包围的球体。如果把球面设想成一个静止的海水面向陆地延伸而形成的封闭的曲面，那么这个处于静止状态的海水面就称为水准面，它所包围的形体称为大地体。

通常，人们取地球平均的海水面作为地球形状和大小的标准，把平均海水面称为大地水准面，如图 1-3 所示，测量工作是在大地水准面上进行的。

静止的水准面受重力作用处处与铅垂线正交，由于铅垂面也是不规则的，因此大地水准面也是一个不规则的曲面。测量工作通常要用悬挂垂球的方法确定铅垂线的方向，铅垂线的方向也就是测量工作的基准线。

由于大地水准面是个不规则的曲面，在其面上是不便于建立坐标系和进行计算的，所以要寻求一个规则的曲面来代替大地水准面。测量实践证明，大地体与一个以椭圆的短轴为旋转轴的旋转椭球的形状十分相似，而旋转椭球是可以用公式来表达的。这个旋转椭球可作为地球的参考形状和大小，称为参考椭球体，如图 1-4 所示。

决定地球椭球体形状和大小的参数是椭圆的长半轴 a、短半轴 b 及扁率 α，关系式为：

$$\alpha = \frac{a-b}{a}$$

由于地球椭球体的扁率 α 很小，当测量区域不大时，可将地球看作圆球，即半径取作 6371km。

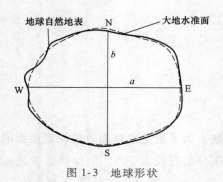

图 1-3　地球形状

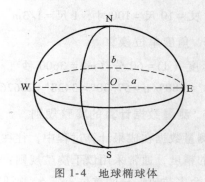

图 1-4　地球椭球体

2. 测量坐标系

（1）大地坐标系。在测量工作中，点在椭球面上的位置用大地经度和大地纬度来表示。经度即为通过某点的子午面与起始子午面的夹角，纬度即是指经过某点法线与赤道面的夹角。这种以大地经度和大地纬度表示某点位置的坐标系称为大地坐标系，也是全球统一的坐标系。

图 1-5 中，P 点子午面与起始子午面的夹角 L 就是 P 点的经度，过 P 点的法线与赤道面的夹角 B 就是 P 点的纬度。地面上任何一点都对应着一对大地坐标。

（2）平面直角坐标系

1）独立平面直角坐标。在小区域内进行测量时，常采用独立平面直角坐标来测定地面点位置。

如图 1-6 所示，独立平面直角坐标系规定南北方向为坐标纵轴 x 轴（向北为正），东西方向为坐标横轴 y 轴（向东为正），坐标原点一般选在测区西南角以外，以使测区内各点坐标均为正值。其与数学上的平面直角坐标系不同，为了定向方便，测量上，平面直角坐标系的象限是按顺时针方向编号的，将其 x 轴与 y 轴互换，目的是将数学中的公式直接用到测量计算中，如图 1-7 所示。

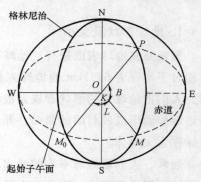

图 1-5　大地坐标系

2）高斯平面直角坐标系。当测区范围比较大时，不能把球面的投影面看成平面，测量

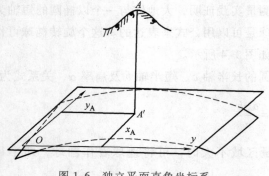

图 1-6　独立平面直角坐标系

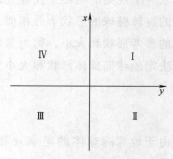

图 1-7　独立坐标象限

上通常采用高斯投影法来解决这个问题。利用高斯投影法建立的平面直角坐标系称为高斯平面直角坐标系，大区域测量点的平面位置，常用此法。

① 高斯平面直角坐标的形成。如图 1-8 所示，假想一个椭圆柱横套在地球椭球体上，使其与某一条经线相切，用解析法将椭球面上的经纬线投影到椭圆柱面上，然后将椭圆柱展开成平面，即获得投影后的图 1-8a 的图形。

中央子午线投影到椭圆柱上是一条直线，把这条直线作为平面直角坐标系的纵坐标轴，即 x 轴，表示南北方向。赤道投影后是与中央子午线正交的一条直线，作为横轴，即 y 轴，表示东西方向。这两条相交的直线相当于平面直角坐标系的坐标轴，构成高斯平面直角坐标系，如图 1-8b 所示。

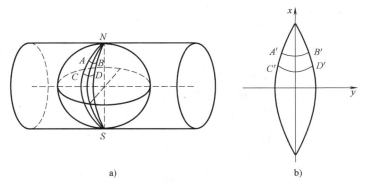

图 1-8　高斯平面直角坐标系

② 高斯投影分带。高斯投影将地球分成很多带，为了限制变形，将每一带投影到平面上。

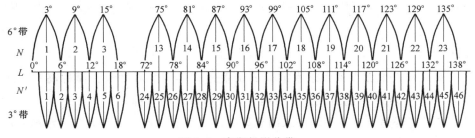

图 1-9　高斯投影分带

带的宽度一般分为 6°、3° 和 1.5° 等几种，简称 6°带、3°带、1.5°带，如图 1-9 所示。6°带投影是从零度子午线起，由西向东，每 6° 为一带，全球共分 60 带，分别用阿拉伯数字 1、2、3、…、60 编号表示。位于各带中央的子午线称为该带的中央子午线。每带的中央子午线的经度与带号有如下关系：

$$L = 6N - 3$$

由于高斯投影的最大变形在赤道上，且随经度的增大而增大。6°带的投影只能满足 1:25000 比例尺地图，如果要得到大比例尺地图，则要限制投影带的经度范围。3°带投影是从 1°30′子午线起，由西向东，每 3° 为一带，全球共分 120 带，分别用阿拉伯数字 1、2、

3、…、120 编号表示。3°带的中央子午线的经度与带号有如下关系:

$$L = 3N'$$

反过来,根据某点的经度也可以计算其所在的 6°带和 3°带的带号,公式为:

$$N = [L/6] + 1$$

$$N' = [L/3 + 0.5]$$

式中,N、N' 表示 6°带、3°带的带号;

[ ] 表示取整。

我国位于北半球,为避免坐标值出现负值,我国规定把纵坐标轴向西平移 500km,这样全部坐标值均为正值。此时中央子午线的 Y 值不是 0 而是 500km。

(3)地心坐标系。地心坐标系是指利用空中卫星位置来确定地面点位置的表示方法,如图 1-10 所示。

1)地心空间直角坐标系。如图 1-10 所示,坐标系原点 O 与地球质心重合,Z 轴指向地球北极,X 轴指向格林尼治子午面与地球赤道的交点,Y 轴垂直于 XOZ 平面构成右手坐标系。

2)地心大地坐标系。如图 1-10 所示,椭球体中心与地球质心重合,椭球短轴与地球自转轴重合,大地经度 L 为过地面点的椭球子午面与格林尼

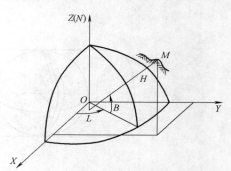

图 1-10 地心坐标系

治子午面的夹角,大地纬度 B 为过地面点与椭球赤道面的夹角,大地高 H 为地面点的法线到椭球面的距离。

在地心坐标系中,任意地面点的地心坐标即可表示为 (x, y, z) 或 (L, B, H),二者之间可以换算。

3. 高程系统

(1)绝对高程。地面点到大地水准面的铅垂距离称为绝对高程,简称高程,或称为海拔。用 H 表示,图 1-11 中的 H_A、H_B 分别为 A 点和 B 点的高程。

我国的绝对高程是由黄海平均海水面起算的,该面上各点的高程为零。水准原点是指高

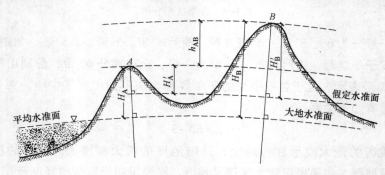

图 1-11 地面点高程

程系统起算点，我国的水准原点建立在青岛市观象山山洞里。根据青岛验潮站连续 7 年的水位观测资料（1950~1956 年），确定了我国大地水准面的位置，并由此推算大地水准原点高程为 72.289m，以此为基准建立的高程系统称为"1956 黄海高程系"。后来根据验潮站 1952~1979 年的水位观测资料，重新确定了黄海平均海水面的位置，由此推算出大地水准原点的高程为 72.260m。此高程基准称为"1985 年国家高程基准"。

（2）相对高程。水准点是指在全国范围内利用水准测量的方法布设的一些高程控制点。在一些远离已知高程的国家控制点地域，可以假定一个水准面作为高程起算基准面，地面点到假定水准面的铅垂距离称为相对高程，图 1-11 中的 A、B 两点的相对高程为"H_A'、H_B'"。

（3）地面点间的高差。地面两点之间的高程或相对高程之差，称为高差，用 h 来表示。图 1-11 中 A、B 两点间的高差通常可表示为 h_{AB}，即

$$h_{AB} = H_B - H_A = H_B' - H_A'$$

由此可以看出，地面两点之间的高差与高程的起算面无关，仅取决于两点的位置。

4. 确定地面点位的基本要素

在小范围测区内，可以把大地水准面看作平面，地面点的空间位置是以地面点在投影平面上的坐标 x、y 和高程 H 决定的。如图 1-12 所示，在实际测量中，x、y 和 H 的值并非直接测定，而是通过测量水平角 β_a、β_b……和水平距离 D_1、D_2……，再以 A 点的坐标和 AB 边的方位角为起算数据，推算出 B、C、D、E 各点的坐标；通过测量点间的高差 h_{AB}……，以 A 点的高程为起算数据，推算出 B、C、E 各点的高程。由此可见，水平距离、水平角、高差是确定地面点位的三个基本要素。距离测量、角度测量和高差测量是测量的三项基本工作。

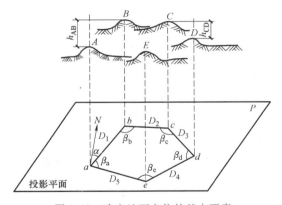

图 1-12　确定地面点位的基本要素

1.4　测量误差

1. 误差的来源与分类

（1）仪器误差（图 1-13）。观测仪器机械构造上的缺陷和仪器本身精度的限制。

（2）观测者的误差（图 1-14）。观测者的技术水平和感觉器官的鉴别能力有一定的局限性，主要体现在仪器的对中、照准、读数等方面。

（3）不断变化的外界条件（图 1-15）。在观测过程中，外界条件是变化的。如大气温度、湿度、风力、透明度、大气折射等。

图 1-13　仪器误差

图 1-14　观测者的误差

（4）相差。相差是一种大量级的观测误差，属于测量上的失误。在测量成果中，是不允许相差存在的。相差产生的原因较多，主要是作业人员的疏忽大意、失职而引起的，如读数被读错、读数被记录人员记错、照准错误的目标等。

在观测数据中应尽可能设法避免出现相差。能有效地发现相差的方法：进行必要的重复观测；通过多余的观测，采用必要而又严格的检核、验算等方式均可发现相差。含有相差的观测值都不能采用。因此，一旦发现相差，该观测值必须舍弃或重测。

外界条件造成的误差

图 1-15　不断变化的外界条件

（5）系统误差。在相同观测条件下，对某量进行一系列的观测，如果误差的大小及符号表现出一致性倾向，即按一定的规律变化或保持为常数，这种误差称为系统误差。例如，用一把名义长度为 30m 的钢卷尺，而实际长度为 30.010m 的钢卷尺丈量距离，每量一尺段就要少量 0.010m，这 0.010m 的误差，在数值上和符号上都是固定的，丈量距离越长，误差也就越大。

2. 水准测量误差的来源与影响因素

（1）仪器和工具的误差

1）水准仪的误差。仪器经过检验校正后，还会存在残余误差，如微小的 i 角误差。当水准管气泡居中时，由于 i 角误差使视准轴不处于精确水平的位置，会造成在水准尺上的读数误差。在一个测站的水准测量中，如果使前视距与后视距相等，则 i 角误差对高差测量的影响可以消除。严格地检校仪器和按水准测量技术要求限制视距差的长度，是降低本项误差的主要措施。

2）水准尺的误差。水准尺的分划不精确、尺底磨损、尺身弯曲都会给读数造成误差，因此必须使用符合技术要求的水准尺（图1-16）。

（2）整平误差。水准测量是利用水平视线测定高差的，当仪器没有精确整平，则倾斜的视线将使标尺读数产生误差。

（3）仪器和标尺升沉误差

1）仪器下沉（或上升）所引起的误差。仪器下沉（或上升）的速度与时间成正比，如图1-17a所示，从读取后视读数（已知点）a到读取前视读数（未知点）b时，仪器下沉了Δ，则有

$$h_1 = a_1 - (b_1 + \Delta)$$

图1-16　符合技术要求的水准尺

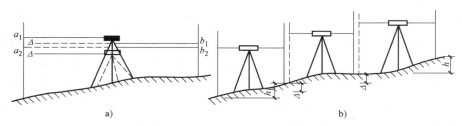

a)　　　　　　　　　　　　　　　　b)

图1-17　仪器和标尺升沉误差的影响

a）仪器下沉　b）尺子下沉

为了减弱此项误差的影响，可以在同一测站进行第二次观测，而且第二次观测应先读前视读数b_2，再读后视读数a_2，则

$$h_2 = (a_2 + \Delta) - b_2$$

取两次高差的平均值，即

$$h = \frac{h_1 + h_2}{2} = \frac{(a_1 - b_1) + (a_2 - b_2)}{2}$$

2）尺子下沉（或上升）引起的误差。当往测与返测时尺子下沉量是相同的，则由于误差符号相同，而往测与返测高差符号相反，因此，取往测和返测高差的平均值可消除其影响。

（4）读数误差的影响

1）当尺像与十字丝分划板平面不重合时，眼睛靠近目镜微微上下移动，发现十字丝和目镜像有相对运动，称为视差；视差可通过重新调节目镜和物镜调焦螺旋加以消除。

2）估读误差与望远镜的放大率和视距长度有关，故各线水准测量所用仪器的望远镜放大率和最大视距都有相应规定，普通水准测量中，要求望远镜放大率在20倍以上，视线长不超过150m。

（5）大气折射的影响。如图1-18所示，因为大气层密度不同，对光线产生折射，使视线产生弯曲，从而使水准测量产生误差。视线离地面越近，视线越长，大气折射的影响越

大。为削减大气折射的影响，只能采取缩短视线，并使视线离地面有一定的高度及前视、后视的距离相等的方法。

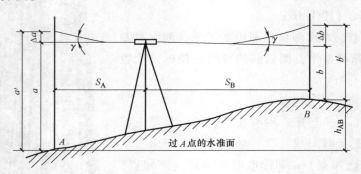

图 1-18　大气折射对高差的影响

（6）偶然误差。在相同的观测条件下，做一系列的观测，如果观测误差在大小和符号上都表现出随机性，即大小不等，符号不同，但统计分析的结果都具有一定的统计规律性，这种误差称为偶然误差。偶然误差是由于人的感觉器官和仪器的性能受到一定的限制，以及观测时受到外界条件的影响等原因造成的。如仪器本身构造不完善而引起的误差、观测者的估读误差、照准目标时的照准误差等，不断变化着的外界环境，温度、湿度的忽高忽低，风力的忽大忽小等，会使观测数据有时大于被观测量的真值，有时小于被观测量的真值。

由于偶然误差表现出来的随机性，所以偶然误差也称随机误差，单个偶然误差的出现不能体现出规律性，但在相同条件下重复观测某一量，出现的大量偶然误差都具有一定的规律性。

偶然误差是不可避免的。为了提高观测成果的质量，常用的方法是采用多余观测结果的算术平均值作为最后观测结果。

3. 水平角观测误差的来源与影响因素

（1）仪器误差

1）仪器制造加工不完善而引起的误差。主要有度盘刻划不均匀误差、照准部偏心差（照准部旋转中心与度盘刻划中心不一致）和水平度盘偏心差（度盘旋转中心与度盘刻划中心不一致），此类误差一般都很小，并且大多数都可以在观测过程中采取相应的措施消除或减弱它们的影响。

2）仪器检验校正后的残余误差。它主要是仪器的三轴误差（视准轴误差、横轴误差和竖轴误差），其中，视准轴误差和横轴误差可通过盘左、盘右观测取平均值消除，而竖轴误差不能通过正倒镜观测消除。故在观测前除应认真检验、校正照准部水准管外，还应仔细地进行整平。

（2）观测误差

1）仪器对中误差。仪器对中时，垂球尖没有对准测站点标志中心，产生仪器对中误差。对中误差对水平角观测的影响与偏心距成正比，与测站点到目标点的距离成反比，所以要尽量减少偏心距，对边长越短且转角接近180°的观测更应注意仪器的对中。

2）整平误差。因为照准部水准管气泡不居中，将导致竖轴倾斜而引起的角度误差，此项误差不能通过正倒镜观测消除。竖轴倾斜对水平角的影响和测站点到目标点的高差成正比。所以，在观测过程中，特别是在山区作业时，应特别注意整平。

3）目标偏心误差。测角时，通常用标杆或测钎立于被测目标点上作为照准标志，若标杆倾斜，而又瞄准标杆上部时，则使瞄准点偏离被测点产生目标偏心误差。目标偏心对水平角观测的影响与测站偏心距影响相似。测站点到目标点的距离越短，瞄准点的位置越高，引起的测角误差越大。在观测水平角时，应仔细地把标杆竖直，并尽量瞄准标杆底部。当目标较近，又不能瞄准其底部时，最好采用悬吊垂球，瞄准垂球线。

4）照准误差。照准误差与人眼的分辨能力和望远镜放大率有关。人眼的分辨率一般为60″，若借助于放大率为 V 倍的望远镜，则分辨能力就可以提高 V 倍，故照准误差为60″/V。DJ_6 型经纬仪放大倍率一般为 28 倍，故照准误差在约为 ±2.1″。在观测过程中，若观测员操作不正确或视差没有消除，都会产生较大的照准误差。故观测时应仔细地做好调焦和照准工作。

5）读数错误。该项误差主要取决于仪器的读数设备及读数的熟练程度。读数前要认清度盘以及测微尺的注字刻划特点，读数中要使读数显微镜内分划注字清晰。通常是以最小估读数作为读数估读误差，DJ_6 型经纬仪读数估读最大误差为 ±6″（或者 ±5″）。

角度观测是在外界中进行的，外界中各种因素都会对观测的精度产生影响。如地面不坚实或刮风会使仪器不稳定；大气能见度的好坏和光线的强弱会影响照准和读数；温度变化使仪器各轴线几何关系发生变化等。要完全消除这些影响几乎是不可能的，只能采取一些措施，例如选择成像清晰、稳定的天气条件和时间段观测，观测中给仪器打伞避免阳光对仪器直接照射等，以减弱外界不利因素的影响。

4. 视距测量误差的来源与影响因素

（1）用视距丝读取尺间隔的误差。视距丝的读数是影响视距精度的重要因素，视距丝的读数误差与尺子最小分划的宽度、距离的远近、成像清晰情况有关。在视距测量中一般根据测量精度要求来限制最远视距。

（2）标尺倾斜误差。视距计算的公式是在视距尺严格垂直的条件下得到的。如果视距尺发生倾斜，将给测量带来不可忽视的误差影响，故测量时立尺要尽量竖直。在山区作业时，由于地表有坡度而给人以一种错觉，使视距尺不易竖直，因此，应采用带有水准器装置的视距尺。

（3）视距乘常数 K 的误差。通常认定视距乘常数 K = 100，但由于视距丝间隔有误差，视距尺有系统性刻划误差，以及仪器检定的各种因素影响，都会使 K 值不为 100。K 值一旦确定，误差对视距的影响是系统的。

（4）外界条件的影响

1）大气竖直折射的影响。大气密度分布是不均匀的，特别在晴天接近地面部分密度变化更大，使视线弯曲，给视距测量带来误差。根据试验，只有在视线离地面超过 1m 时，折射影响才比较小。

2）空气对流使视距尺的成像不稳定。此现象在晴天，视线通过水面上空和视线离地表太近时较为突出，成像不稳定造成读数误差的增大，对视距精度影响很大。

3）风力使尺子抖动。如果风力较大使尺子不易立稳而发生抖动，分别用两根视距丝读数又不可能严格在同一个时候进行，所以对视距间隔将产生影响。

 本章小结及综述

通过本章学习，读者应了解测量放线的基础知识，可以总结概括为以下三点：

1. 测量学是研究地球形状和大小确定地面点位的科学，其包括测定和测设两部分。测定是将局部地区的地貌和地面上的地物按一定的比例尺缩绘成地形图，作为建筑工程规划设计的依据；测设是将图纸上已设计好的各种建筑物、构筑物按照设计和施工的要求测设到相应的地面上，并设置各种标志作为建筑施工的依据，这项工作也叫放线。

2. 建筑工程测量是测量学的一个组成部分，它是研究建筑工程在勘测设计、施工和运营管理阶段所进行的各种测量工作的理论、技术和方法的科学。

3. 在实际测量工作中，无论测量仪器设备多么精密，也不论观测者多么仔细和认真，测量的结果总会存在差异，这种差异表现为测量结果与观测客观存在的真值之间的差值，这种差值称为真误差。

第 **2** 章

测量仪器及设备的使用

 本章重点难点提示

1. 掌握钢卷尺量距的工具及设备的使用方法。
2. 熟悉水准器的分类及使用。
3. 掌握水准仪的构造、使用方法及校验与校正。
4. 掌握经纬仪的构造、使用方法及校验与校正。
5. 熟悉方向测量用仪器的构造及应用。
6. 熟悉全站仪的构造和使用方法。
7. 了解 GPS 卫星定位系统的构成。

2.1 钢卷尺量距的工具及设备

1. 钢卷尺

（1）钢卷尺的外形及规格。钢卷尺是由薄钢片制成的带状尺，可卷放在圆盘形的尺壳内或卷放在金属尺架上，如图 2-1、图 2-2 所示。尺的宽度约 10~15mm，厚度约 0.4mm，长度有 20m、30m、50m 等几种。

根据零点位置的不同，可以将钢卷尺分为端点尺和刻划尺，如图 2-3 所示，其中，端点尺是以尺的最外端作为尺的零点，它方便于从墙根起的量距工作，刻划尺是以尺前端的一刻划尺作为尺的零点，其量距精度比较高。

（2）钢卷尺的分划。钢卷尺的分划也有好几种，有的以厘米为基本分划，适用于一般

图 2-1 卷放在圆盘形尺壳内的钢卷尺

图 2-2 卷放在金属尺架上的钢卷尺

量距；有的也以厘米为基本分划，但尺端第一分米内有毫米分划；也有的全部以毫米为基本分划。后两种适用于较精密的距离丈量。钢卷尺的分米和米的分划线上都有数字注记。

（3）钢卷尺的特点及应用。钢卷尺抗拉强度高、不易拉伸，简单又经济，且测距的精度可达到 1/4000～1/1000，精密测距的精度可达到 1/40000～1/10000，适合于平坦地区的距离测量。但钢卷尺性脆、易折断、易生锈，使用时注意避免扭折及受潮。

2. 标杆

标杆多用木料或铝合金制成，直径约 3cm，全长有 2m、2.5m 及 3m 等几种规格。杆上涂装成红、白相间的 20cm 色段，非常醒目，标杆下端装有尖头铁脚，如图 2-4 所示，便于插入地面，作为照准标志。

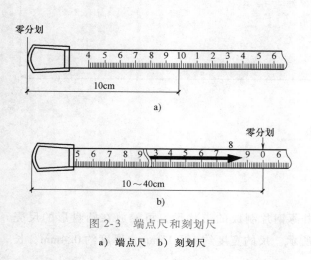

图 2-3 端点尺和刻划尺
a）端点尺 b）刻划尺

图 2-4 标杆

3. 测钎

测钎通常用钢筋制成，上部弯成小圆环，下部磨尖，直径 3～6mm，长度 30～40cm。钎上可用涂料涂成红白相间的色段。通常 6 根或 11 根系成一组，如图 2-5 所示。量距时，将测钎插入地面，用以标定尺端点的位置，还可作为近处目标的瞄准标志。

4. 钢卷尺量距的其他辅助工具

钢卷尺量距的辅助工具有垂球（图 2-6）、弹簧秤（图 2-7）、温度计（图 2-8）等。

测量时，垂球用在斜坡上的投点，弹簧秤用来施加检定时标准拉力，以保证尺长的稳定性，温度计用于测定量距时的温度，以便对钢卷尺量距进行温度改正。

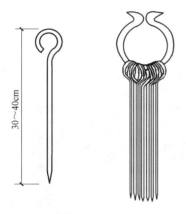

图 2-5　测钎

图 2-6　垂球

图 2-7　弹簧秤

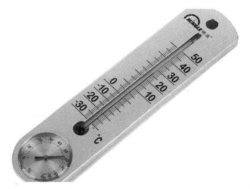

图 2-8　温度计

5. 光电测距仪

（1）分类。光电测距仪按其测程可分为短程光电测距仪（2km 以内）、中程光电测距仪（3~15km）和远程光电测距仪（大于 15km），光电测距仪测程分类与技术等级见表 2-1；按其采用的光源可分为激光测距仪（图 2-9）和红外测距仪（图 2-10）等。

表 2-1　光电测距仪测程分类与技术等级

	仪器种类	短程光点测距仪	中程光电测距仪	远程光电测距仪
测程分类	测程/km	<3	3~15	>15
	精度	$\pm(5mm+5\times10^{-6}D)$	$\pm(5mm+2\times10^{-6}D)$	$\pm(5mm+1\times10^{-6}D)$
	光源	红外光源（GaAs 发光二极管）	红外光源（GaAs 发光二极管）、激光光源（激光管）	He-Ne 激光器

（续）

技术等级	测距原理	相位式	相位式	相位式
	使用范围	地形测量、工程测量	大地测量、精密工程测量	大地测量，航空、制导等空间距离测量
	技术等级	Ⅰ	Ⅱ	Ⅲ
	精度/mm	<5	5~10	11~20

图 2-9　激光测距仪

图 2-10　红外测距仪

（2）构造。D2000 短程红外光电测距仪主机如图 2-11 所示，主机通过连接器安置在经纬仪的上部，如图 2-12 所示，经纬仪可以是普通光学经纬仪，也可以是电子经纬仪。利用光轴调节螺钉，可使主机发射-接收器光轴与经纬仪视准轴位于同一竖直平面内。另外，测距仪横轴到经纬仪横轴的高度与觇牌中心到反射棱镜的高度一致，从而使经纬仪瞄准觇牌中心的视线与测距仪瞄准反射棱镜中心的视线保持平行，如图 2-13 所示。

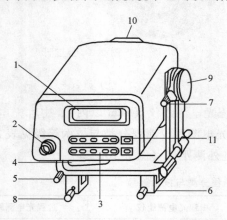

图 2-11　D2000 短程红外光电测距仪主机
1—显示窗　2—望远镜目镜　3—键盘　4—电池
5—照准轴水平调整手轮　6—座架　7—俯仰调
整手轮　8—座架固定手轮　9—俯仰固定手轮
10—物镜　11—RS-232 接口

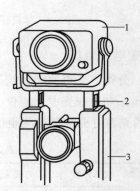

图 2-12　光电测距仪与经纬仪连接
1—测距仪　2—支架　3—经纬仪

配合主机测距的反射棱镜，如图 2-14 所示，根据距离远近，可选用单棱镜（1500m 以内）或三棱镜（2500m 以内），棱镜安置在三脚架上，根据光学对中器和长水准管进行对中整平。

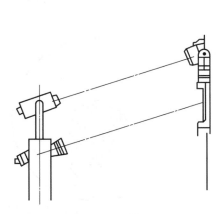

图 2-13　光电测距仪所用经纬仪瞄准觇牌中心
视线与测距仪瞄准反射棱镜中心视线平行

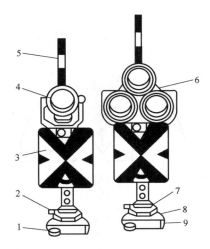

图 2-14　反射棱镜外形及结构

1—圆水准器　2—光学对中器　3—觇牌
4—单反光镜　5—标杆　6—三反光镜组
7—水准管　8—固定螺旋　9—基座

D2000 短程红外光电测距仪的主要技术指标及功能：

1）D2000 短程红外光电测距仪的最大测程为 2500m，测距精度达 ±（3mm+$2×10^{-6}×D$）（其中 D 为所测距离）。

2）最小读数为 1mm；仪器设有自动光强调节装置，在复杂环境下测量时可人工调节光强。

3）可输入温度、气压和棱镜常数自动对结果进行改正。

4）可输入垂直角自动计算出水平距离和高差。

5）可通过距离预置进行定线放样。

6）若输入测站坐标和高程，可自动计算观测点的坐标和高程。

7）测距方式有正常测量和跟踪测量，正常测量所需时间为 3s，还能显示数次测量的平均值；跟踪测量所需时间为 0.8s，每隔一定时间间隔自动重复测距。

（3）使用方法

1）安置仪器。先在测站上安置好经纬仪，对中、整平后，将测距仪主机安装在经纬仪支架上，用连接器固定螺丝锁紧，在目标点安置反射棱镜，对中、整平，并使镜面朝向主机。

2）观测垂直角、气温和气压。用经纬仪十字横丝照准觇牌中心，如图 2-15 所示，测出垂直角 α。同时，观测和记录温度计和气压计上的读数。

3）测距准备。按电源开关键"PWR"开机，主机自检并显示原设定的温度、气压和棱镜常数值，自检通过后将显示"good"。

如果修正原设定值，可按"TPC"键后输入温度、气压值或棱镜常数（一般通过"ENT"键和数字键逐个输入）。

4）距离测量

① 调节主机照准轴水平调整手轮和主机俯仰微动螺旋，使测距仪望远镜准确瞄准棱镜中心，如图 2-16 所示。

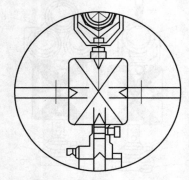
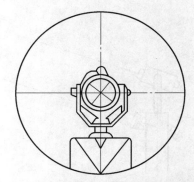

图 2-15　经纬仪十字横丝照准觇牌中心　　　　图 2-16　测距仪望远镜精确瞄准棱镜中心

② 精确瞄准后，按"MSR"键，主机将测定并显示经温度、气压和棱镜常数改正后的斜距。在测量中，若光束受挡或大气抖动等，测量将暂时被中断，待光强正常后继续自动测量；若光束中断 30s，须光强恢复后，再按"MSR"键重测。

③ 斜距到平距的改算，通常在现场用测距仪进行，操作方法是：按"V/H"键后输入垂直角值，再按"SHV"键显示水平距离。连续按"SHV"键可依次显示斜距、平距和高差。

2.2　水准器

1. 圆水准器

圆水准器（图 2-17）是用一个玻璃圆盒制成，装在金属外壳内，也称为圆盒水准器，圆水准器的玻璃内表面磨成了一个球面，中央刻着一个小圆圈或两个同心圆，圆圈中点和球心的连线称为圆水准轴（图 2-18）。当气泡位于圆圈中央时，圆水准轴处于铅垂状态。

普通水准仪圆水准器分划值通常是 8′/2mm。圆水准器的精度较低，常用于仪器的粗略整平。

2. 管水准器

普通水准器常指的是管水准器，如图 2-19 所示，普通管水准器是用一个内表面磨成圆弧的玻璃管制成的，玻璃管内注满了酒精和乙醚混合物。

气泡居中是指玻璃管内的气泡与圆弧形中点对称的状态，水准器零点是指水准管圆弧的中心点，水准管轴指的是过零点和圆弧相切的直线（图 2-20）。

图 2-17　圆水准器

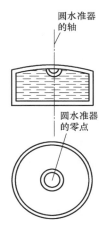

图 2-18　圆水准轴

图 2-19　普通管水准器

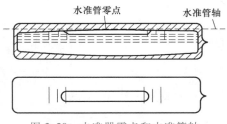

图 2-20　水准器零点和水准管轴

　　管水准器的中央部分刻有间距为 2mm 的与零点左右的分划线，2mm 分划线所对的圆心角表示水准管的分划值，分划值越小，灵敏度越高，DS$_3$ 型水准仪的水准管分划值一般为 $20''/2mm$。

　　现在用的管水准器均在其水准管上方设置一组棱镜，通过内部的折光作用，可以从望远镜旁边的小孔中看到气泡两端的影像，并根据影像的符合情况判断仪器是否处于水平状

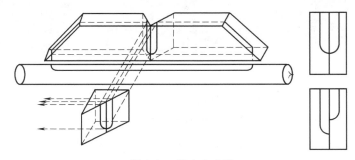

图 2-21　符合水准器

态，如果两侧的半抛物线重合为一条完整的抛物线，说明气泡居中，否则需要调节。这种水准器便是符合水准器，如图 2-21 所示，是微倾式水准仪上普遍采用的水准器。

2.3　水准仪

1. 水准仪的分类

　　水准测量所使用的仪器为水准仪，它可以提供水准测量所需的水平线。国产水准仪按其

精度可分为：DS_{05}、DS_1、DS_3 及 DS_{10} 等几种型号。D 和 S 分别为"大地测量"和"水准仪"的汉语拼音第一个字母，05、1、3 和 10 表示水准仪精度等级。目前在工程测量中常使用 DS_3 型水准仪。

若以结构和功能来分，则可分为：

（1）微倾式水准仪：利用水准管来获得水平视线的水准仪。

（2）自动安平水准仪：利用补偿器来获得水平视线的水准仪。

（3）新型水准仪：也称为电子水准仪，它配合条纹编码尺，利用数字化图像处理的方法，可自动显示高程和距离，使水准测量实现了自动化。

2. 水准仪的构造

水准仪是借助于管水准器使望远镜视准轴水平，经测读水准标尺后测定地面点高差的仪器。以 DS_3 型水准仪（图 2-22）为例，它主要由望远镜、水准器和基座三大部分组成，该仪器每千米往返测量高差偶然中误差不应超过 ±3mm。

图 2-22 DS_3 型水准仪

仪器通过基座与三脚架连接，基座下三个脚螺旋用于仪器的粗略整平。在望远镜一侧装有一个管水准器，当转动微倾螺旋时，可使望远镜连同管水准器做俯仰微量的倾斜，从而可使视线精确整平。因此这种水准仪称为微倾式水准仪。仪器在水平方向的转动，由制动螺旋和微动螺旋控制。

（1）DS_3 微倾式水准仪的望远镜。微倾式水准仪的望远镜由物镜、对光透镜、十字丝板和目镜组成。其中，物镜由一组透镜组成，相当于一个凸透镜。根据几何光学原理，被观测的目标经过物镜和对光透镜后，呈一个倒立实像于十字丝附近。由于被观测的目标离望远镜的距离不同，可转动对光螺旋使对光透镜在镜筒内前后移动，使目标的实像能清晰地成像于十字丝板平面上，再经过目镜的作用，使倒立的实像和十字丝同时放大而变成倒立放大的虚像。

放大的虚像与眼睛直接看到的目标大小比值，就是望远镜的放大率。DS_3 微倾式水准仪的望远镜放大率约为 30 倍。

望远镜的构造及放大原理如图 2-23 所示。

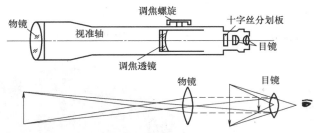

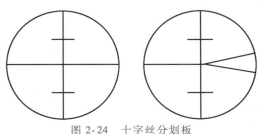

图 2-23 望远镜的构造及放大原理

为了用望远镜精确照准目标进行读数，在物镜筒内光阑处装有十字丝分划板，其类型多样，如图 2-24 所示。十字丝中心与物镜光心的连线称为望远镜的视准轴，也就是视线。视准轴是水准仪的主要轴线之一。

图 2-24 中相互正交的两根长丝称为十字丝，其中竖直的一根称为竖丝，水平的一根称为横丝或中丝，横丝上、下方的两根短丝是用于测量距离的，称为视距丝。

图 2-24 十字丝分划板

（2）DS$_3$ 微倾式水准仪的水准器。水准器是水准仪的重要组成部分，它是用来整平的仪器，有圆水准器和管水准器两种，前面已有相关介绍。

（3）DS$_3$ 微倾式水准仪的基座。水准仪基座的作用是用来支承水准仪器上部的构件，它通过连接螺旋与三脚架连接起来。基座主要由螺旋轴座、脚螺旋和底板构成。

1）制动螺旋：用来限制望远镜在水平方向的转动。

2）微动螺旋：望远镜制动后，利用它可使望远镜做轻微的转动，以便精确瞄准水准尺。

3）对光螺旋：它可以使望远镜内的对光透镜做前后移动，从而能清楚地看清目标。

4）目镜调焦螺旋：调节它可以看清楚十字丝。

5）微倾螺旋：调节它可以使水准器的气泡居中，达到精确整平仪器的目的。

（4）DS$_3$ 微倾式水准仪的水准尺。DS$_3$ 型水准仪配用的标尺，常用干燥而良好的木材、玻璃钢或铝合金制成。尺的形式有直尺、折尺和塔尺，长度分别为 3m 和 5m。其中，塔尺能伸缩，携带方便，但接合处容易产生误差，杆式尺比较坚固可靠。

水准尺尺面绘有 1cm 或 5mm 黑白相间的分格，米和分米处注有数字，尺底为零。为了便于倒像望远镜读数，注的数字常倒写，如图 2-25 所示。

通常，三等、四等水准测量和图根水准测量时所用的水准标尺是长度整 3m 的双面（黑红面）木质标尺，黑面为黑白相间的分格，红面为红白相间的分格，分格值均为 1cm。尺面上每五个分格组合在一起，每分米处注记倒写的阿拉伯数字，读数视场中即呈现正像数字，并由上往下逐渐增大，所以读数时应由上往下读。

（5）DS$_3$ 微倾式水准仪的尺垫。尺垫是用于水准仪器转点上的一种工具，通常由钢板或铸铁制成，如图 2-26 所示。

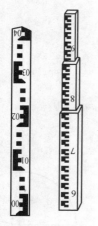

图 2-25 水准尺尺面

图 2-26 尺垫

使用它时，应把三个尺脚踩入土中，将水准尺立在突出的圆顶上。尺垫的作用是防止下沉，稳固转点。

3. 水准仪应满足的几何条件

根据水准仪观测原理，可知一台合格的水准仪必须满足以下三个几何条件：

（1）圆水准轴 L'L' 应平行于仪器的竖轴 VV（图 2-27）。

（2）水准仪十字丝的横丝应垂直于仪器的竖轴。

（3）水准管轴 LL 应平行于视准轴 CC（图 2-28）。

图 2-27 圆水准轴 L'L'平行于竖轴 VV

图 2-28 水准管轴 LL 平行于视准轴 CC

4. 水准仪的校验与校正

水准仪在出厂的时候虽然经过检验校正，但是在使用或搬运过程中，受振动碰撞以后轴线关系会发生变化，水准测量规范中明确规定仪器使用前必须进行检校。

（1）检验与校正圆水准器轴与竖轴平行。将仪器架在三脚架或置于稳固的平台上，旋转脚螺旋使圆水准器气泡居中（图 2-29），将望远镜绕纵轴旋转 180°，若气泡偏于一边（图 2-30），表明圆水准器轴 L'L'不平行于竖轴 VV，需要校正。

图 2-29 旋转脚螺旋使圆水准器气泡居中

图 2-30 望远镜绕纵轴旋转 180°气泡偏于一边

校正的方法是先转动脚螺旋（图 2-31），使气泡向圆水准器中心移动偏离量的一半（图 2-32），然后稍松一下下方中间的松紧螺丝，用校正针插入校正螺丝头部的小圆孔内（图 2-33），参照用脚螺旋整平仪器的方法拨动校正螺丝，顺时针拨动某个校正螺丝，气泡即往该螺丝的方向移动，直到气泡完全居中（图 2-34），此时需将松紧螺丝旋紧，经校正的位置才会稳定。此项检校后应立即检查，直到望远镜旋转到任何位置气泡都居中为止。

图 2-31 转动脚螺旋

（2）检验与校正十字丝横丝与竖轴垂直。整平仪器后，用望远镜十字丝横丝的一端瞄准设置在远处墙上的一固定点状目标，拧紧制动螺旋（图 2-35），转动望远镜微动螺旋（图 2-36），使该点有横丝的一端移到另一端，旋转微动螺旋后，如果点离开横丝表示不水平（图 2-37），需要校正。

图 2-32 气泡向圆水准器中心移动偏离量的一半

图 2-33 校正针插入校正螺丝头部的小圆孔内

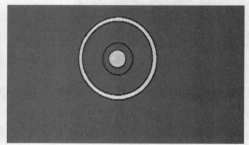

图 2-34 气泡完全居中

图 2-35 拧紧制动螺旋   图 2-36 转动微动螺旋

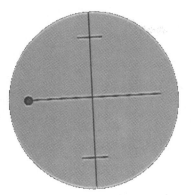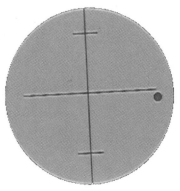

图 2-37 点有横丝的一端移到另一端，点离开横丝

校正方法：卸下望远镜目镜端的十字丝环的护罩，松开十字丝环的四个固定螺丝（图 2-38），按十字丝横丝倾斜方向的反方向微微转动十字丝环，使横丝处于水平位置（图 2-39），直到横丝始终不离开墙上明显点为止（图 2-40），最后再均匀的旋紧松开的四个固定螺丝。

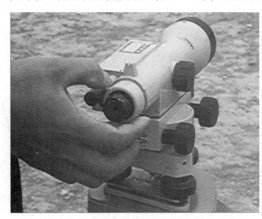

图 2-38 卸下十字丝环护罩，松开十字丝环四个固定螺丝

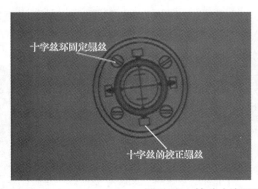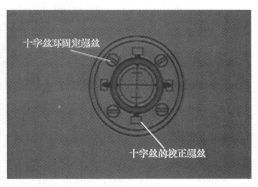

图 2-39 转动十字丝环使横丝处于水平位置

（3）检验与校正水准管轴与视准轴平行。先选平坦的地方，在相距 80~100m 处的 A、B 点钉木桩或放置尺垫（图 2-41），然后找出 AB 的中点 O，用两次仪器高法测得 A、B 两点间

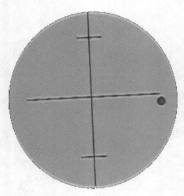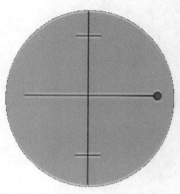

图 2-40　横丝不离开墙上明显点

的正确高差为 h（图 2-42），当仪器位于中点时 $h = a_1 - b_1$（图 2-43）。接着将仪器搬到靠近 B 点或 A 点约 5cm 处（图 2-44），整平仪器后将望远镜的目镜贴近标尺，用笔尖直接在标尺上作上下移动，从望远镜的物镜端观看笔尖，当见到笔尖落在视线中心时，从笔尖所在标尺的位置直接读出读数 b_2（图 2-45）。由于仪器距 B 点很近，i 角对 b_2 的影响可以忽略，该读数可视作视准轴水平时的正确读数。然后将望远镜瞄准 A 点标尺，调整微倾螺旋使气泡居中，得读数 a_2（图 2-46）。如果 $a_1 - b_1 = a_2 - b_2$，则表示视准轴平行于水准管轴；若大于 5mm，则需进行校正。

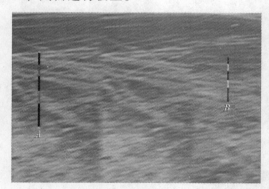

图 2-41　A、B 点钉木桩　　　　　　　　图 2-42　A、B 两点间高差为 h

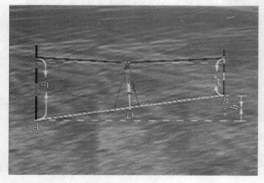

图 2-43　仪器位于中点时 $h = a_1 - b_1$　　　　图 2-44　将仪器搬到靠近 B 点

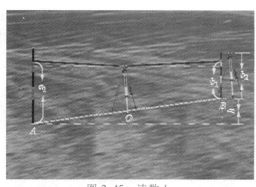

图 2-45 读数 b_2

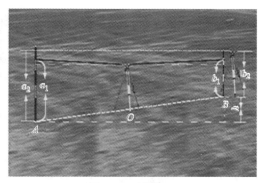

图 2-46 读数 a_2

校正方法是首先计算出视准轴水平时在 A 尺上的正确读数，旋转微倾螺旋使十字丝横丝对准到正确读数（图 2-47），此时水准气泡不居中。在保持读数不变的情况下，拨动水准管上位于目镜一端的上下两个校正螺丝使气泡居中（图 2-48）。

图 2-47 旋转微倾螺旋

图 2-48 拨动校正螺丝

5. 水准仪的使用方法

（1）选择测站位置。测量人员应根据现场地形、测量精度要求等情况，首先在后视、前视距离基本相等的地方，选择比较平坦、通视良好而且土质坚实的地方架设仪器（图 2-49）。架设

图 2-49 后视、前视距离基本相等的地方架设仪器

仪器的时候，先将三脚架松开（图2-50），根据观测者身高调节合适的三脚架长度并旋紧三脚架螺丝（图2-51）。三脚架安放稳固后（图2-52），便可将水准仪取出放在三脚架头上（图2-53、图2-54），随即轻轻旋紧连接螺旋（图2-55）。

图 2-50　松开三脚架

图 2-51　调节三脚架长度

图 2-52　三脚架安放稳固

图 2-53　取出水准仪

图 2-54　水准仪放在三脚架头上

图 2-55　旋紧连接螺旋

（2）粗略整平仪器。先固定三脚架的两只腿，用脚将三脚架间踩牢（图2-56），用调整第三只腿的方法使圆气泡大致居中（图2-57）、踩牢（图2-58），然后通过调整脚螺旋使圆水准器的气泡处于圆圈中央（图2-59）。使圆气泡居中的调整方法是先用两手拇指与食指同时对向转动一对脚螺旋，使气泡移到第三个脚螺旋与水准器中心的连线上（图2-60），然后再转动第三个脚螺旋使气泡居中（图2-61、图2-62）。

图 2-56　固定三脚架的两只腿

图 2-57　调整第三只腿使圆气泡大致居中

图 2-58　踩牢第三只腿

图 2-59　调整脚螺旋使气泡处于圆圈中央

图 2-60　对向转动一对脚螺旋

图 2-61　转动第三个脚螺旋

图 2-62　气泡居中

（3）瞄准标尺。水准仪是通过望远镜来瞄准水准标尺的（图 2-63）。为了看清标尺上的分划，必须先进行目镜和物镜对光消除视差，使十字丝和尺像同时清晰。

图 2-63　水准仪通过望远镜瞄准水准标尺

目镜对光过程是观测者用望远镜对着明亮的背景如天空、白墙等（图2-64）从目镜中看十字丝，先用手转动调焦螺旋慢慢旋进，直到十字丝清晰为止（图2-65）。

图 2-64　望远镜对着天空

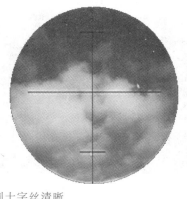

图 2-65　转动调焦螺旋直到十字丝清晰

目镜对光后再进行物镜对光，具体过程为：松开制动螺旋（图2-66），用望远镜上部的缺口和准星对准水准标尺（图2-67），拧紧制动螺旋（图2-68）。旋转微动螺旋使十字丝的纵丝靠近水准尺的一侧（图2-69、图2-70），此时旋转物镜调焦螺旋使尺子的成像清晰（图2-71）。这时观测者将眼睛对目镜作上下移动，注视十字丝和水准标尺的成像是否有相对移动，如有位移表明存在视差，需稍稍转动物镜调焦螺旋直至物像与十字丝无相对位移为止。当视差消除后，旋转望远镜的微动螺旋使十字丝的竖丝对准水准标尺（图2-72），以便待仪器精确整平以后进行读数。

图 2-66　松开制动螺旋

图 2-67　对准水准标尺

图 2-68　拧紧制动螺旋

图 2-69　旋转微动螺旋

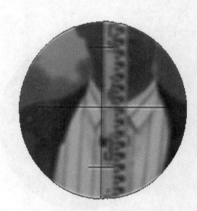

图 2-70　十字丝的纵丝靠近水准尺一侧

图 2-71　旋转物镜调焦螺旋使尺子的成像清晰

（4）精确整平。测量人员转动微倾螺旋使管状水准器严格居中（图2-73），使望远镜的视线精确处于水平位置的过程叫精确整平。使长水准气泡居中的规律是：当左半部分气泡位置偏下时应顺时针方向旋转微倾螺旋使气泡居中；当左半部分气泡位置偏上时应逆时针方向旋转微倾螺旋使气泡居中（图2-74）。在旋转微倾螺旋的时候，速度应力求均匀不宜过快。

图 2-72　旋转微动螺旋使十字丝的竖丝对准水准标尺

（5）读数。在精确整平和水准标尺竖直的前提下可进行读数，在读数前后都要检查长水准泡是否居中。标尺的**读数方法是**：先弄清标尺两端的分划刻度的大小，然后从望远镜中看到的图像从小往大读，使用普通水准仪一般读出四位数，估读到毫米。具体读数是：图 2-75 的读数为 1.148 而不是 1.252，图 2-76 的读数为 2.375 而不是 2.425，图 2-77 的读数为 0.708 而不是 0.792。读数完毕后还应立即检视气泡是否居中，如仍居中此读数有效，否则应该重新使气泡居中后进行读数。

图 2-73　转动微倾螺旋使管状水准器严格居中

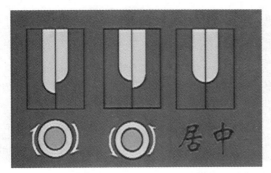

图 2-74　微倾螺旋转动方向与气泡移动方向的关系

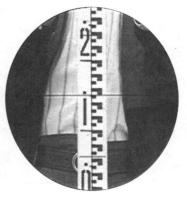

图 2-75　读数 1.148

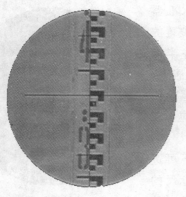

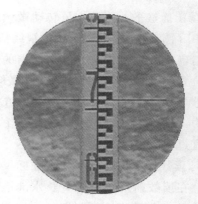

图 2-76　读数 2.375　　　　　　　　图 2-77　读数 0.708

6. 自动安平水准仪简介

（1）外形及结构。自动安平水准仪（图 2-78）是用自动安平补偿器代替了管水准器，当仪器微微倾斜时补偿器在重力作用下对通过望远镜的视线进行适当移动，使读数仍和望远镜水平时读数一致。

国产自动安平水准仪的型号是在 DS 后加字母 Z，即为 DSZ_{05}、DSZ_1、DSZ_3、DSZ_{10}，其

图 2-78　自动安平水准仪

中 Z 代表"自动安平"汉语拼音的第一个字母。

（2）使用原理。自动安平水准仪与微倾式水准仪一样，也是利用脚螺旋使圆水准器气泡居中，从而完成仪器整平，再使用望远镜照准水准尺，用十字丝横丝读取水准尺读数，即获得水平视线读数。

由于自动安平水准仪安装的补偿器有一定的工作范围，即能起到补偿作用的范围，所以使用自动安平水准仪时，要防止补偿器贴靠周围的部件，不处于自由悬挂状态。有的仪器在目镜旁有一按钮，它可以直接触动补偿器。读数前可轻按此按钮，以检查补偿器是否处于正常工作状态，也可以消除补偿器有轻微的贴靠现象。如果每次触动按钮后，水准尺读数变动后又能恢复原有读数则表示工作正常。但如果仪器上没有这种检查按钮则可用脚螺旋使仪器竖轴在视线方向稍微倾斜，若读数不变则表示补偿器工作正常。使用自动安平水准仪时应十分注意圆水准器的气泡居中。

（3）使用方法。架好三脚架使架头平面基本处于水平位置（图2-79），其高度应使望远镜与观测者的眼睛基本一致，将自动安平水准仪安装在架头上，并用中心螺旋手把将仪器可靠紧固（图2-80）。旋转脚螺旋使圆水准器气泡居中（图2-81），观察望远镜目镜，旋转目镜调焦使成像清晰（图2-82）。用仪器上的粗瞄准器瞄准标尺，旋转调焦手轮（图2-83）使标尺成像清晰（图2-84）。

图 2-79　架好三脚架

图 2-80　中心螺旋手把将仪器可靠紧固

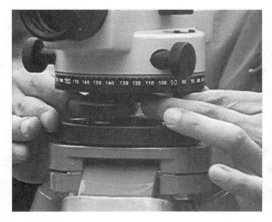

图 2-81　旋转脚螺旋使圆水准器气泡居中

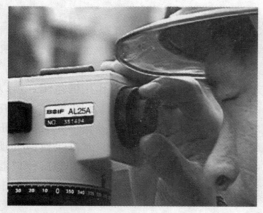

图 2-82　旋转目镜调焦使成像清晰

图 2-83　旋转调焦手轮

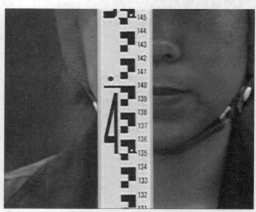

图 2-84　标尺成像清晰

（4）优势。自动安平水准仪测量时无需精平，这样可以缩短水准测量的观测时间，且对于施工场地地面的微小振动、松软土地的仪器下沉及大风吹刮等原因引起的视线微小倾斜，自动安平水准仪的补偿器能随时调整，最终给出正确的水平视线读数，因此，自动安平水准仪具有观测速度快、精度高的优点，被广泛应用在各种等级的水准测量工作中。

7. 电子水准仪简介

（1）外形构造。电子水准仪也可称为数字水准仪，是在自动安平水准仪的基础上发展起来的，也可以说是自动安平水准仪的升级版，是从光学时代跨入电子时代的产物。

电子水准仪的标尺采用的是条码标尺，图 2-85 所示为瑞士徕卡公司开发的 NA3003 型电子水准仪外形及所用条形标尺。

（2）电子水准仪的观测精度。以图 2-85 的 NA3003 型电子水准仪为例，其分辨力为0.01mm，每千米往返测得的高差数中偶然误差为 0.4mm。

（3）电子水准仪的使用原理。与电子水准仪配套使用的水准标尺为条形编码尺，通常由玻璃纤维或铟钢制成，在电子水准仪中还装有行阵传感器，它可识别水准标尺上的条形编码。当电子水准仪摄入条形编码后，经处理器转变为相应的数字，再通过信号转换和数据化，在显示屏上直接显示中丝读数和视距。

（4）优势

1）读数客观：不存在误读、误记和人为读数误差、出错现象。

2）精度高：视线高和视距读数都是采用大量条码分划图像经处理后取平均值得出来的，因此削弱了标尺分划误差的影响。多数仪器都有进行多次读数取平均的功能，可以削弱外界条件影响，不熟练的作业人员也能进行高精度测量。

3）效率高：只需调焦和按键就可以自动读数，减轻了劳动强度。视距还能自动记录、检核、处理，并能输入电子计算机进行后处理，可实现内外业一体化。

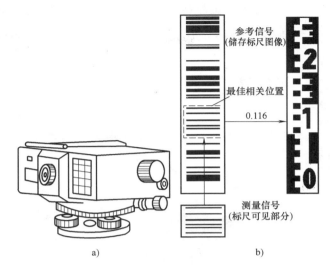

图 2-85　NA3003 型电子水准仪外形及所用条形标尺

a）外形　b）条形标尺

8. 精密水准仪简介

精密水准仪主要用于国家一等、二等水准测量和高精度的工程测量中，例如建（构）筑物的沉降观测、大型桥梁工程的施工测量和大型精密设备安装的水平基准测量等。精密水准仪种类很多，微倾式的有 DS$_1$ 型，进口的有瑞士威特厂生产的 N3 等。

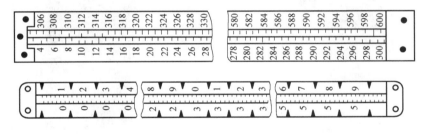

图 2-86　精密水准尺

精密水准仪与其他水准仪的主要区别是它必须配有精密水准尺。精密水准尺通常是在木质的槽内安有一根因瓦合金带。带上标有刻划，数字标注在木尺上，精密水准尺的分划有 1cm 和 0.5cm 两种。精密水准仪所用精密水准尺如图 2-86 所示。

精密水准仪的使用方法与一般水准仪基本相同，只是读数方法有些差异。

（1）在水准仪精平后，十字丝中丝往往不恰好对准水准尺上某一整分划线。

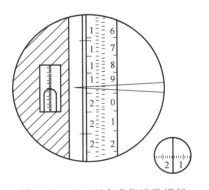

图 2-87　DS$_1$ 型水准仪读数视场

（2）要转动测微轮使视线上、下平行移动，十字丝的楔形丝正好夹住一个整分划线，如图 2-87 所示。

2.4　经纬仪

经纬仪（图 2-88）是测量工作中主要测角仪器，它既可以测量水平角又可以测量竖直角。

图 2-88　经纬仪

1. 经纬仪的分类

根据测角精度的不同，我国的经纬仪系列分为 DJ_{07}、DJ_1、DJ_2、DJ_6、DJ_{30} 等几个等级，D 和 J 分别是大地测量和经纬仪两词汉语拼音的首字母，脚码注字是它的精度指标。如 DJ_6 表示一测回方向观测中误差不超过 ±6″。DJ_{07}、DJ_1、DJ_2 型经纬仪为精密经纬仪，DJ_6、DJ_{30} 型等属于普通经纬仪，按其度盘计数方式有光学经纬仪和电子经纬仪两类。目前在建筑施工中使用较为广泛的是 DJ_6 和 DJ_2 型经纬仪。

2. 经纬仪的构造

以 DJ$_6$ 型光学经纬仪为例，其主要由照准部、水平度盘和基座三部分构成（图 2-89）。

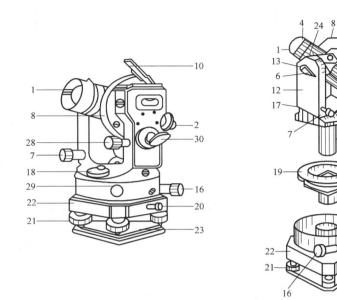

图 2-89　DJ$_6$ 型光学经纬仪

1—望远镜物镜　2—望远镜目镜　3—望远镜调焦螺旋　4—准星　5—照门　6—望远镜固定扳手　7—望远镜微动螺旋
8—竖直度盘　9—竖盘指标水准管　10—竖盘指标水准管反光镜　11—读数显微目镜　12—支架　13—水平轴
14—竖轴　15—照准部制动扳手　16—照准部微动螺旋　17—水准管　18—圆水准器　19—水平度盘
20—轴套固定螺旋　21—脚螺旋　22—基座　23—三角形底板　24—罗盘插座　25—度盘轴套　26—外轴
27—度盘旋转轴套　28—竖盘指标水准管微动螺旋　29—水平度盘变换手轮　30—反光镜

（1）照准部。照准部是指水平度盘之上，能绕其旋转轴旋转的全部部件的名称，它包括竖轴、U 形支架、望远镜、横轴、竖直度盘、管水准器、竖盘指标管水准器和读数装置等。

1）望远镜的构造与水准仪的构造基本相同。不同之处在于望远镜调焦螺旋的构造和分划板的刻线方式上。经纬仪的望远镜调焦螺旋不在望远镜的侧面，而在靠近目镜端的望远镜筒上，刻线方式如图 2-90 所示，以适应照准不同目标的需要。

2）横轴与望远镜固定在一起，并且水平安置在两个支架上，望远镜可绕其上下转动。在一端的支架上有一个制动螺旋，当旋紧时，望远镜不能转动。另有一个微动螺旋，在制动螺旋旋紧的条件下，转动它可使望远镜上下微动，以便于精确地照准目标。

（2）竖直度盘。竖直度盘用于测量垂直角，固定在横轴的一端，随望远镜一起转动，同时还设有竖直度盘指标水准管及其微动螺旋，用来控制竖盘读数指标。

（3）读数设备。读数设备用于读取水平度盘和竖直度盘的读数，它包括读数显微镜、测微器以及光路上一系列光学透镜和棱镜。

（4）照准部水准管。它是用于精确整平仪器，有的经纬仪上还装有圆水准器，用于粗

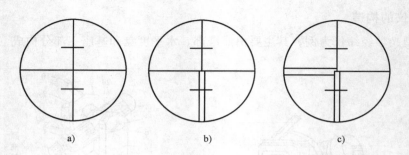

图 2-90　分划板的刻线方式

a）单丝　b）双丝　c）双向双丝

略整平仪器。水准管轴垂直于仪器轴，当照准部水准管气泡居中时，经纬仪的竖轴铅直，水平度盘处于水平位置。

（5）光学对中器。光学对中器用于使水平度盘中心位于测站点的铅垂线上，它由目镜、物镜、分划板和转向棱镜组成。

（6）水平度盘。水平度盘是用于测量水平角的。它是由光学玻璃制成的圆环，环上刻有 0°~360° 的分划线，在整度分划线上标有注记，并按顺时针方向注记，两相邻分划线的弧长所对圆心角，称为度盘分划值，通常为 1° 或 30′。水平度盘与照准部是分离的，当照准部转动时，水平度盘并不随之转动。如果需要改变水平度盘的位置，可通过照准部上的水平度盘变换手轮，将度盘变换到所需要的位置。

（7）基座。基座用于支承整个仪器，并通过中心连接螺旋将经纬仪固定在三脚架上。基座上有三个脚螺旋一个圆水准气泡，用来粗调平仪器。在基座上还有一个轴座固定螺旋，用于控制照准部和基座之间的衔接。

水平度盘旋转轴套套在竖轴套外围，拧紧轴套固定螺旋，可将仪器固定在基座上；旋松该螺旋，可将经纬仪水平度盘连同照准部从基座中拔出。

（8）读数装置。经纬仪的读数装置包括度盘、读数显微镜及测微器等。DJ_6 级光学经纬仪的读数装置可以分为测微尺读数和单平板玻璃读数两种。

光学经纬仪的水平度盘及竖直度盘皆由环状的平板玻璃制成，在圆周上刻有 360° 分划，在每度的分划线上注以度数。在工程上常用的 DJ_6 级经纬仪一般为 1° 或 30′ 一个分划。DJ_2 级仪器则将 1° 的分划再分为 3 格，即 20′ 一个分划。

光学经纬仪的度盘分划线，由于度盘尺寸限制，最小分划值难以直接刻划到秒，为了实现精密测角，要借助光学测微技术制作成测微器来测量不足度盘分划值的微小角值。DJ_6 型光学经纬仪常用分微尺测微器和单平板玻璃测微器两种方法，DJ_2 型光学经纬仪常用为双光楔测微器。

3. **经纬仪的读数方法**

（1）分数尺及其读数方法。在读数目镜中看到的度盘影像和分微尺影像如图 2-91 所示。上部为水平度盘影像，下部为竖直度盘影像。该分微尺的 " 0″ " 分划线就是读数指标线。度盘分划值为 1°，小于 1° 的读数可以从分微尺读取。度盘 1° 的间隔经放大后与分微尺长度相等，分微尺全长等分为 60 小格，每格 1′，因此在分微尺上可以直接读 1′，不足 1′ 的数可以估读到 0.1′ 即 6″。读数时，首先看分微尺上度数的分划线，线上注的字即为 "度"的读数值，然后看分微尺上 0 分划线到水平度盘分划线间的分格数即为 "分"的读数，不足 1′ 的估读，三者相加即为全部读数。图 2-91 中，水平度盘读数为 234°44.2′，即 234°44′12″；竖盘读数为 90°27.6′，即 90°27′36″。

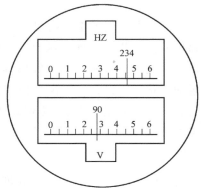

图 2-91　度盘影像和分微尺影像

（2）单平板玻璃测微器装置及读数方法。单平板玻璃测微器由平板玻璃、测微尺、测微轮及传动装置组成。单平板玻璃安装在光路的显微透镜组之后，与传动装置和测微尺连在一起，转动测微轮，单平板玻璃与测微尺同轴转动，平板玻璃随之倾斜。根据平板玻璃的光学特性，平板玻璃倾斜时，出射光线与入射光线不共线而偏移一个量，这个量由测微尺度量出来。转动测微轮使度盘线移动一个分划值（一格）30′，测微尺刚好移动全长。度盘最小分划值为 30′，测微尺共30 大格，一大格分划值为 1′，一大格又分为 3 小格，则一小格分划值为 20″。

单平板玻璃测微器读数装置的读数窗如图 2-92 所示。它有 3 个读数窗口，其中下窗口为水平度盘影像窗口，中间窗口为竖直度盘影像窗口，上窗口为测微尺影像窗口。

读数时，先旋转测微螺旋，使两个度盘分划线中的某一个分划线精确地位于双指标线的中央，0.5° 整倍数的读数根据分划线注记读出，小于 0.5° 的读数从测微尺上读出，两个读数相加即为度盘的读数。

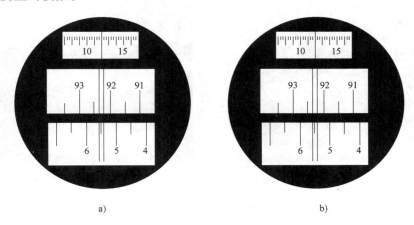

a）　　　　　　　　　　　　　　b）

图 2-92　单平板玻璃测微器读数窗

a）水平度盘读数 5°41′50″　b）竖直度盘读数 92°17′34″

4. 经纬仪应满足的几何条件

如图 2-93 所示，经纬仪的主要轴线有竖轴 VV、横轴 HH、视准轴 CC 和水准管轴 LL。检验经纬仪各轴线之间应满足的几何条件有：

（1）水准管轴 LL 应垂直于竖轴 VV。

（2）十字丝纵丝应垂直于横轴 HH。

（3）视准轴 CC 应垂直于横轴 HH。

（4）横轴 HH 应垂直于竖轴 VV。

（5）竖盘指标差为零。

通常仪器经过加工、装配、检验等工序出厂时，经纬仪的上述几何条件是满足的，但是，由于仪器长期使用或受到碰撞、振动等影响，均能导致轴线位置的变化。所以，经纬仪在使用前或使用一段时间后，应进行检验，如发现不满足上述几何条件，则需要进行校正。

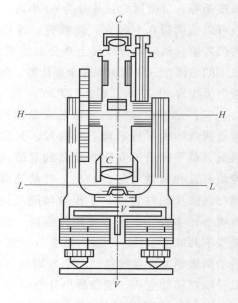

图 2-93　经纬仪轴线图

5. 经纬仪的校验与校正

为了保证经纬仪观测成果的可靠性，减小仪器误差，需对经纬仪应满足的条件进行检验，并校正到相应等级型号允许的程度。

（1）检验与校正水准管轴垂直于竖轴

1）旋转照准部使水准管平行于任意一对脚螺旋（图 2-94），转动该对脚螺旋使气泡居中（图 2-95），再将照准部旋转 180°，若气泡仍居中，说明此条件满足，否则需要校正。

图 2-94　水准管平行于任意一对脚螺旋

图 2-95　转动脚螺旋使气泡居中

2）校正时，先相对旋转这两个脚螺旋，使气泡向中心移动偏离值的一半，此时竖轴处于竖直位置。另一半再用校正针拨动水准管一端的校正螺丝，使气泡完全居中（图 2-96），此时水准管轴处于水平位置。

此检验与校正需反复进行，直到照准部旋转到任意位置气泡偏离零点都不超过半格为止。

（2）检验与校正十字丝竖丝垂直于仪器横轴

1）首先整平仪器，用十字丝交点精确瞄准一明显的点状目标 P，如图 2-97 所示。

图 2-96 校正针拨动校正螺丝使气泡完全居中

2）制动照准部和望远镜，同时转动望远镜微动螺旋使望远镜绕横轴做微小俯仰，如果目标点 P 始终在竖丝上移动，说明条件满足，如图 2-97a，否则，需校正，如图 2-97b。

3）旋下十字丝分划板护罩，用小螺钉旋具松开十字丝分划板的固定螺栓，微微转动十字丝分划板，使竖丝端点至点状目标的间隔减小一半。

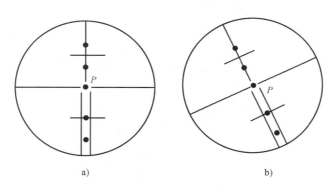

a) b)

图 2-97 十字丝竖丝的检验

a）正常十字丝竖丝视野 b）需校正十字丝竖丝视野

4）再返转到起始端点，如图 2-98 所示。反复上述检验与校正，使目标点在望远镜上下俯仰时始终在十字丝竖丝上移动为止。

5）最后旋紧固定螺栓，旋上护盖。

（3）检验与校正视准轴垂直于横轴

1）选择长约 100m 左右的平坦场地（图 2-99），最好在直线两端 A、B 处有建筑物的墙，以便于在经纬仪等高处设置标志以绘出点位。在 AB 中点 O 处安置经纬仪（图

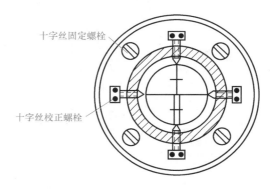

图 2-98 十字丝竖丝的校正

2-100），先以盘左位置照准与仪器大致同高的点 A（图 2-101），绕横轴倒转望远镜，在与仪器同高的 B 点绘出 B_1（图 2-102）；再以盘右位置照准 A 点，倒转望远镜，在 B 处与 B_1 等高处绘点 B_2（图 2-103）。若 B_1 点与 B_2 点重合，则条件满足；若视准轴不垂直于水平轴，相差 c 角，则 B_1、B_2 之长是 $4c$ 的反映（图 2-103）。

图 2-99　平坦场地

图 2-100　AB 中点 O 处安置经纬仪

图 2-101　以盘左位置照准点 A

图 2-102　绕横轴倒转望远镜绘出 B_1

2）校正时需 B_1、B_2 长的 1/4 得 B_3 点（图 2-104）。卸下目镜护罩（图 2-105），用校正针拨动十字丝左右两校正螺丝（图 2-106），使十字丝的交点对准 B_3 点。校正后需进行检验，若不满足需重复校正。

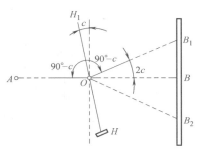

图 2-103　绘点 B_2

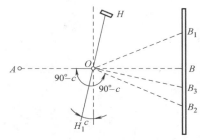

图 2-104　B_1、B_2 长的 1/4 得 B_3 点

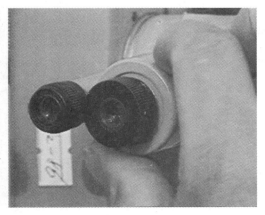

图 2-105　卸下目镜护罩

图 2-106　校正针拨动两校正螺丝

（4）检验与校正横轴垂直于竖轴

1）将仪器安置在离较高建筑物的墙壁约 30m 处，精确整平仪器，以盘左瞄准高处目标 p，量角大于 30°（图 2-107），然后置平望远镜，在墙上标出十字丝交点所对准的点 m_1（图

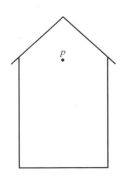

图 2-107　盘左瞄准高处目标 p，量角大于 30°

2-108）；盘右再瞄准高处目标 p，右置平望远镜，在墙上标出十字丝交点 m_2（图 2-109）。若 m_1 与 m_2 重合则条件满足，否则需要进行校正（图 2-110）。

 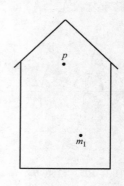

图 2-108　置平望远镜，在墙上标出点 m_1

 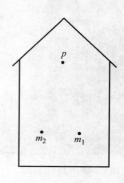

图 2-109　右置平望远镜，在墙上标出十字丝交点 m_2

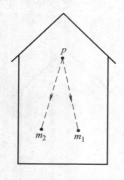 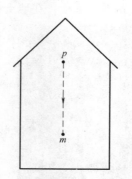 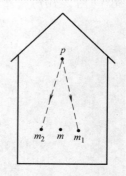

图 2-110　m_1 与 m_2 重合则条件满足，否则需要校正

2）**此项校正**应送回车间或有资质的修理部门去检修。

（5）检验与校正竖盘水准管

1）安置经纬仪，待仪器整平后，用盘左、盘右观测同一目标点 A。

2）分别使竖盘指标水准管气泡居中，读取竖盘读数 L 和 R，计算竖盘指标差 x，若 x 值超过 1' 时，需要校正。

3）校正时，先计算出盘右位置时竖盘的正确读数 $R_0 = R - x$，原盘右位置瞄准目标 A 不动。

4）转动竖盘指标水准管微动螺旋，使竖盘读数为 R_0，此时竖盘指标水准管气泡不再居中了，用校正针拨动竖盘指标水准管一端的校正螺丝，使气泡居中。

此项检校需反复进行，直至指标差小于规定的限度为止。

竖盘指标差如图 2-111 所示。

6. 经纬仪的使用方法

（1）测站点对中。对中的方法有多种，目前使用较多的是锤球对中和光学对中。

1）锤球对中的步骤为：

① 将三脚架调整到合适高度（图 2-112），张开三脚架安置在测站点上方（图 2-113），在三脚架的连接螺旋上挂上锤球，如果锤球离标志中心太远，可固定一脚移动另外两脚，或将三脚架整体平移，使锤球尖大致对准测站点标志中心（图 2-114），并注意使架头大致水平，然后将三脚架的脚尖踩入土中。

② 将经纬仪从箱中取出（图 2-115），用连接螺旋将经纬仪安装在三脚架上（图 2-116）。调整脚螺旋，使圆水准器气泡居中。

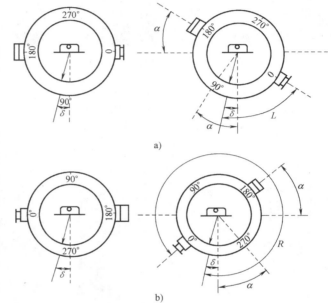

图 2-111 竖盘指标差

a) 盘左位置　b) 盘右位置

图 2-112 调整三脚架到合适高度

图 2-113 张开三脚架安置在测站点上方

图 2-114 锤球尖大致对准测站点中心

图 2-115 取出经纬仪

③ 如果锤球尖偏离测站点标志中心，可旋松连接螺旋，在架头上移动经纬仪，使锤球尖精确对中测站点标志中心，然后旋紧连接螺旋。

用锤球对中是一种基本的对中方法，对中误差一般小于3mm，但是受风力影响较大。

2) 目前 DJ_6 型和 DJ_2 型经纬仪都装有光学对中器（图2-117），它与锤球对中比较不受风力影响，对中误差可以小于1mm。光学对中的步骤如下：

图 2-116 经纬仪安装在三脚架上

光学对中器

图 2-117 光学对中器

① 支起三脚架（图2-118），架头大致水平，用目测或锤球初步对中。旋转光学对中器的目镜（图2-119），使分划板上的小圆圈清晰（图2-120），再推进或拉出镜管，使测站点标志成像清晰（图2-121）。

用经纬仪进行点位对中时，应先踩实一只架腿，将一只鞋尖对准地面点（图2-122），再用两手持另两只架腿，从对中目镜中沿腿脚的方向即可迅速将十字丝中心对准地面点（图2-123），随后再将另两只架脚踩实。

图 2-118 支起三脚架

图 2-119　旋转光学对中器的目镜

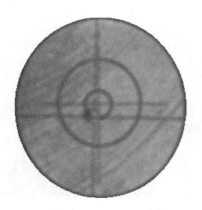

图 2-120　分划板上的小圆圈清晰

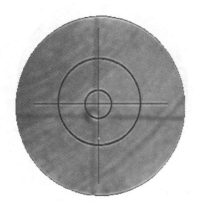

图 2-121　测站点标志成像清晰

② 旋转脚螺旋，使测站点标志的影像精确位于分划板上小圆圈的中心（图2-124）。

③ 采用伸缩三脚架架脚的方法使圆水准器的气泡居中（图2-125），再旋转脚螺旋，使长水准管气泡居中，此刻检查测站点标志是否位于圆圈中心，若有偏差可在架头上移动仪器，再进行对中整平，直到仪器在精平的状态下测站点标志精确位于小圆圈中心为止。

图2-122　鞋尖对准地面点

（2）精确置平经纬仪。目的是使经纬仪的纵轴铅垂，从而使水平度盘和横轴处于水平位置，垂直度盘位于铅垂平面内。整平的具体做法是：

1）松开水平制动螺旋，旋转照准部使管状水准器大致平行于任意两个脚螺旋（图2-126），两手同时向内或者向外转动脚螺旋使气泡居中（图2-127）。

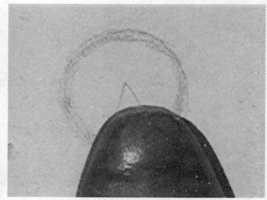

图2-123　手持两只架腿从目镜中沿腿脚的方向将十字丝中心对准地面点

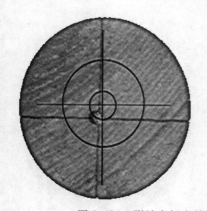

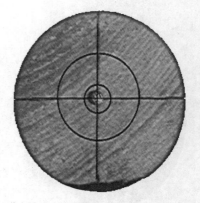

图2-124　测站点标志的影像精确位于分划板上小圆圈的中心

图 2-125　伸缩三脚架架脚使圆水准器的气泡居中

图 2-126　旋转照准部使管状水准器大致平行于任意两个脚螺旋

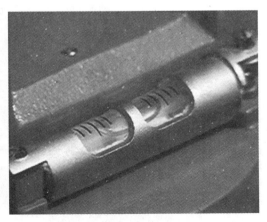

图 2-127　两手同时向内或向外转动脚螺旋使气泡居中

　　2) 再将照准部旋转 90°使水准管垂直于原先的位置（图 2-128），旋转第三只脚螺旋使气泡居中（图 2-129）。然后将照准部转回到原先的位置，复查气泡是否居中，若有偏离则需反复进行（图 2-130），直至照准部在任意位置时气泡都居中。

（3）瞄准操作。测角时的照准标志一般是
竖立于地面的花杆（图 2-131）、测钎或者
觇牌。

测水平角时以望远镜目镜中的十字丝的纵
丝照准目标，其步骤是：调整目镜使十字丝清
晰（图 2-132），粗瞄准用望远镜上的缺口和准
星照准目标（图 2-133），随即旋紧望远镜的水
平制动螺旋（图 2-134），物镜调焦使观测的目
标影像清晰，同时注意消除视差（图2-135）。
精确瞄准旋转水平微动螺旋使被观测的目标准
确夹在竖直双丝中间（图 2-136）。若照准花杆
或测钎时，要求照准目标要立垂直。

图 2-128　照准部旋转 90°

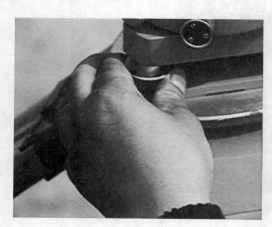

图 2-129　旋转第三只脚螺旋使气泡居中

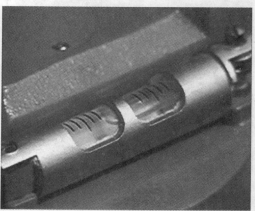

图 2-130　照准部转回到原先位置复查气泡是否居中

图 2-131 花杆

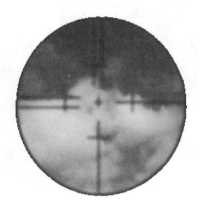

图 2-132 调整目镜使十字丝清晰

图 2-133 缺口和准星照准目标

图 2-134 旋紧水平制动螺旋

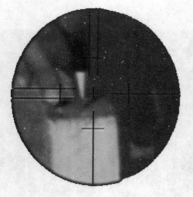

图 2-135　物镜调焦使观测的目标影像清晰

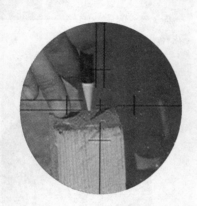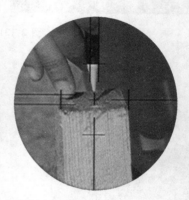

图 2-136　目标准确夹在竖直双丝中间

（4）读数和记录。目标瞄准后即可进行读数，读数时应按观测目标的次序、观测时的度盘位置，先盘左后盘右记录在相应的表格中。

7. DJ_2 型光学经纬仪简介

（1）DJ_2 型光学经纬仪的特点。DJ_2 型光学经纬仪（图 2-137）精度较高，常用于国家三、四等三角测量和精密工程测量。与 DJ_6 型光学经纬仪相比主要有以下特点：

1）轴系间结构稳定，望远镜的放大倍数较大，照准部水准管的灵敏度较高。

2）在 DJ_2 型光学经纬仪读数显微镜中，只能看到水平度盘和竖直度盘中的一种影像，读数时需要通过转动换像手轮，使读数显微镜中出现需要读数的度盘影像。

3）DJ_2 型光学经纬仪采用对径符合读数装置，相当于取度盘对径相差 180°处的两个读数的平均值，这种读数装置可以消除偏心误差的影响，提高读数精度。

（2）DJ_2 型光学经纬仪的读数方法。对径符合读数装置是通过一系列棱镜和透镜的作用，将度盘相对 180°的分划线，同时反映到读数显微镜中，并分别位于一条横线的上、下方。

DJ_2 型光学经纬仪一般采用图 2-138 所示的读数窗。度盘对径分划像及度数和 10′的影像分别出现于两个窗口，另一窗口为测微器读数。当转动测微轮使对径上、下分划对齐以后，从度盘读数窗取度数和 10′数，从测微器窗口读取分数和秒数。

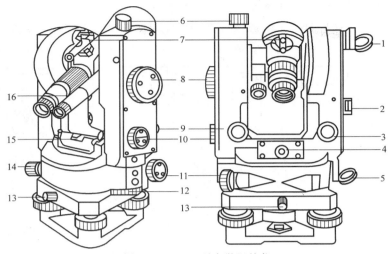

图 2-137　DJ$_2$ 型光学经纬仪

1—竖盘反光镜　2—竖盘指标水准管　3—竖盘指标水准管微动螺旋　4—光学对中器
5—水平度盘及反光镜　6—望远镜制动螺旋　7—光学照准器　8—测微手轮
9—望远镜微动螺旋　10—换像手轮　11—水平微动螺旋　12—水平度盘变换手轮
13—中心锁紧螺旋　14—水平制动螺旋　15—照准部水准器　16—读数显微镜

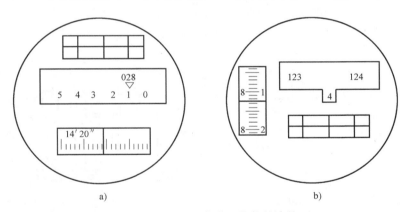

图 2-138　DJ$_2$ 型光学经纬仪的读数

a）度盘读数 28°14′24.3″　b）度盘读数 123°48′12.4″

测微尺刻划有 600 小格，最小分划为 1″，可估读到 0.1″，全程测微范围为 10′。测微尺的读数窗中左边注记数字为分，右边注记数字为整 10″数。读数方法如下：

1）转动测微轮，使分划线重合窗中上、下分划线精确重合。

2）在读数窗中读出度数。

3）在中间突出的小方框中读出整 10′数。

4）在测微尺读数窗中，根据单指标线的位置，直接读出不足 10′的分数和秒数，并估读到 0.1″。

5）将度数、整 10′数及测微尺上读数相加，即为度盘读数。

目前生产的 DJ$_2$ 型光学经纬仪为了简化读数，防止出错，均采用半数字化读数。如图

2-139所示为常见的读数视场,视场显示主像整度数注记和整10′注记(小框中数字或用符号标记的数字)、主副像度盘分划线影像(图中已经对齐)和测微窗,可直接读出全读数。

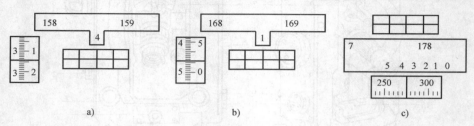

图 2-139　经纬仪半数字化读数

a)读数为 158°43′14.3″　b)读数为 169°14′57.3″

c)读数为 178°22′55.2″

8. 电子经纬仪简介

(1)电子经纬仪构造特点。电子经纬仪(图 2-140)是在光学经纬仪的基础上发展起来的新一代测角仪器,电子经纬仪与光学经纬仪的根本区别在于它用计算机控制的电子测角系统代替光学读数系统。

1)使用电子测角系统,能将测量结果自动显示出来,实现了读数的自动化和数字化。

2)采用积木式结构,可与光电测距仪组合成全站型电子速测仪,配合适当的接口,可将电子手簿记录的数据输入计算机,实现数据处理和绘图自动化。

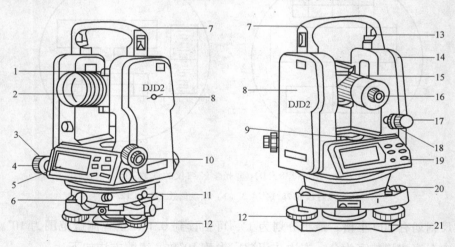

图 2-140　DJ₂ 电子经纬仪

1—粗瞄准器　2—物镜　3—水平微动螺旋　4—水平制动螺旋　5—液晶显示屏

6—基座固定螺旋　7—提手　8—仪器中心标志　9—水准管　10—光学对点器

11—通信接口　12—脚螺旋　13—手提固定螺丝　14—电池　15—望远镜调焦手轮

16—目镜　17—垂直微动手轮　18—垂直制动手轮　19—键盘　20—圆水准器　21—底板

(2)电子经纬仪测角原理。电子经纬仪测角是从特殊格式的度盘上取得电信号,根据电信号再转换成角度,并且自动地以数字形式输出,显示在电子显示屏上,并记录在储存器中。电子测角度盘根据取得电信号的方式不同，可分为光栅度盘测角、编码度盘测角和电栅度盘测角等。

（3）电子经纬仪的优势

1）装有内置驱动电动机及 CCD 系统的电子经纬仪还可自动搜寻目标。

2）竖盘指标差及竖轴的倾斜误差可自动修正。

3）可根据指令对仪器的竖盘指标差及轴系关系进行自动检测。

4）可自动计算盘左、盘右的平均值及标准偏差。

5）有的仪器可预置工作时间，到规定时间则自动停机。

6）有与测距仪和电子手簿连接的接口。与测距仪连接可构成组合式全站仪，与电子手簿连接，可将观测结果自动记录，而且没有读数和记录的人为错误。

7）可单次测量，也可跟踪动态目标连续测量，但跟踪测量的精度较低。

8）如果电池用完或操作错误，可自动显示错误信息。

9）根据指令，可选择不同的最小角度单位。

10）读数在屏幕上自动显示，角度计量单位（360°六十进制、360°十进制、400g、6400 密位）可自动换算。

图 2-141　激光经纬仪

9. 激光经纬仪简介

激光经纬仪（图 2-141）是传统的光学经纬仪和现代半导体激光技术相结合的新型仪器，它的工作原理就是给出一条激光光束作为可见的参考线，而且激光经纬仪的光轴与望远镜视准轴重合，激光束指示的水平方向和竖直角都可以从经纬仪的水平度盘和竖直度盘上读出，使用非常方便。激光经纬仪主要用于准直测量，就是定出一条标准的直线，作为施工放样的基准线。

使用方法如下：

（1）这种仪器的工作电源为四节 5 号碱性电池（图 2-142）。

图 2-142　工作电源为四节 5 号碱性电池

图 2-143　打开激光电源

读数目镜

图 2-144　逆时针方向旋转将读数目镜卸下

（2）打开激光电源（图2-143），从望远镜中射出的激光束可以作为一条水平线使用，由于激光光束的亮度高，激光经纬仪白天可以测量200m的距离，夜晚测量距离可以达到1000m。

（3）在高层建筑施工中可用激光经纬仪来替代垂准仪使用，这时候只需要换上弯管目镜就可以了。操作的时候先逆时针方向旋转将读数目镜卸下（图2-144），然后插入弯管目镜（图2-145），拧紧锁紧螺钉就可以了。

图2-145 插入弯管目镜

2.5 方向测量的仪器

1. 罗盘仪

（1）罗盘仪的构造。罗盘仪的种类很多，用于测直线方位角的仪器构造也不同，但主要部件是磁针、刻度盘和望远镜三部分，如图2-146所示。

罗盘仪的磁针由磁铁制成，位于刻度盘中心的顶针上。在磁针的北端涂有黑漆，南端缠

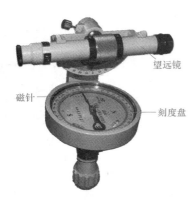

图2-146 罗盘仪

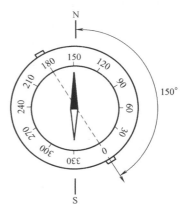

图2-147 罗盘仪的刻度盘

绕有细铜丝，这是因为我国位于地球的北半球，磁针的北端受磁力的影响下倾，缠绕铜丝可以保持磁针水平。磁针下方有一小杠杆，不用时应拧紧杠杆一端的顶起螺栓，使磁针离开顶针，避免顶针不必要的磨损。

　　罗盘仪的刻度盘按逆时针方向有 0°～360°，最小分划为 1°或 30′，每 10°有一注记，物镜端与目镜端分别在刻划线 0°与 180°的上面。罗盘仪内装有两个相互垂直的长水准器，用于整平罗盘仪。罗盘仪的刻度盘如图 2-147 所示。

　　（2）罗盘仪使用注意事项

　　1）观测结束后，必须旋紧顶起螺栓，将磁针顶起，以免磁针磨损，并保护磁针的灵活性。若磁针长时间摆动还不能静止，则说明仪器使用太久，磁针的磁性不足，应进行充磁。

　　2）使用罗盘仪时附近不能有任何铁器，应避开高压线、磁场等，否则磁针会发生偏转而影响测量结果。

　　3）罗盘仪须置平，磁针能自由转动，必须等待磁针静止时才能读数。

　　2. 陀螺经纬仪

　　（1）陀螺经纬仪的构造。陀螺经纬仪由经纬仪、陀螺仪和电源箱构成，构造如图 2-148 所示。其中陀螺经纬仪的核心部分是陀螺电动机，它的转速为 21500r/min，安装在密封充氢的陀螺房中，通过悬挂柱由悬挂带悬挂在仪器的顶部，有两根导流丝和悬挂带及旁路结构为电动机供电，悬挂柱上装有反光镜，它们共同组成陀螺仪的灵敏部。陀螺仪的光电系统经过反射棱镜和反光镜反射后，通过透镜成像在分划板上。陀螺仪的锁紧限幅装置用于固定灵敏部或限制它的摆动。转动仪器的外部手轮，通过凸轮带动锁紧限幅装置的升降，使陀螺仪灵敏部被托起（锁紧）或放下（摆动）。

　　陀螺经纬仪外壳内壁有磁屏蔽罩，用于防止外界磁场的干扰，陀螺仪的底部与经纬仪的桥形支架相连。

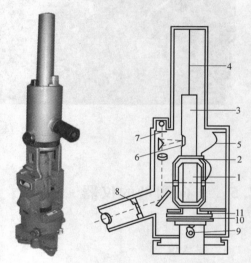

图 2-148　陀螺经纬仪
1—陀螺电动机　2—陀螺房　3—悬挂柱　4—悬挂带
5—导流丝　6—反光镜　7—光标线　8—分划板
9—凸轮　10—锁紧限幅装置　11—灵敏部底座

　　（2）陀螺经纬仪的特性及用途

　　1）定轴性：在无外力矩的作用下，其转轴的空间方位不变。

　　2）进动性：在外力矩作用下，如果力矩作用的转轴与陀螺的转轴不在同一铅垂面时，陀螺转轴沿最短路径向外力矩作用转轴"进动"，直至两轴位于同一铅垂面为止。

2.6　全站仪

　　全站仪（图 2-149）是光电技术结合的测量仪器，它操作简便、功能齐备、性能可靠、使用面广。

图 2-149　全站仪

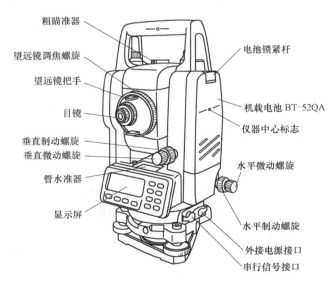

图 2-150　GTS-335 全站仪

1. 全站仪的构造

全站仪由电子测角、电子测距、电子补偿和微处理器四大部分组成，如图 2-150 ~ 图 2-152所示，全站仪本身就是一个带有特殊功能的计算机控制系统。由（中央）微处理器对获取的倾斜距离、水平角、垂直角、轴系误差、竖盘指标差、棱镜常数、气温、气压等信息加以处理，从而获得各项改正后的观测数据和计算数据。

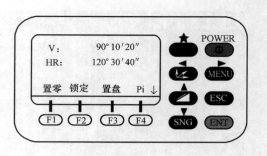

图 2-151　GTS-335 全站仪操作面板

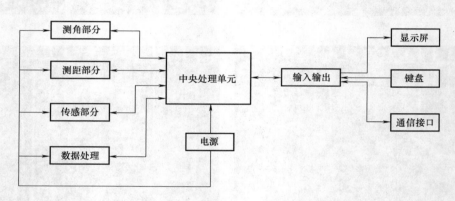

图 2-152　全站仪的组合框架

仪器的只读存储器固化了测量程序，测量过程由程序完成。

全站仪的测角部分为电子经纬仪，可以测定水平角、垂直角、设置方位角；测距部分为光电测距仪，可以测定两点之间的距离；补偿部分可以实现仪器垂直轴倾斜误差对水平角、垂直角测量影响的自动补偿改正；中央处理器接受输入命令、控制各种观测作业方式、进行数据处理等。

2. 全站仪的等级

全站仪的测距精度依据国家标准分为三个等级，小于 5mm 为Ⅰ级仪器，标准差大于 5mm 小于 10mm 为Ⅱ级仪器，大于 10mm 小于 20mm 为Ⅲ级仪器。

全站仪测距和测角的精度通常应遵循等影响的原则。

3. 全站仪的功能

（1）测量水平角。全站仪能进行角度的测量，具体方法为：

1）按角度测量键，使全站仪处于角度测量模式，照准第一个目标 A。

2）设置 A 方向的水平度盘读数为 0°00′00″。

3）照准第二个目标 B，此时显示的水平度盘读数即为两方向间的水平夹角。

（2）测量距离。全站仪能对距离进行测量，具体方法为：

1）测距前需将棱镜常数输入仪器中，仪器会自动对所测距离进行改正。

2）光在大气中的传播速度会随大气的温度和气压而变化，15℃和 760mmHg 是仪器设置的一个标准值，此时的大气改正为 0ppm。实测时可输入温度和气压值，全站仪会自动计算大气改正值（也可直接输入大气改正值），并对测距结果进行改正。

3）量仪器高、棱镜高并输入全站仪内。

4）照准目标棱镜中心，按测距键，距离测量开始，测距完成时显示斜距、平距与高差。

（3）测量坐标。全站仪还能进行坐标测量，具体方法为：

1）当设定后视点的坐标时，全站仪会自动计算后视方向的方位角，且能够设定后视方向水平度盘读数为其方位角。

2）设置棱镜常数。

3）设置大气改正值或气温、气压值。

4）再量仪器高、棱镜高并输入全站仪。

5）最后，照准目标棱镜，按坐标测量键，全站仪开始测距并计算显示测点的三维坐标。

4. 全站仪的检定

全站仪作为一种现代化的计量工具，必须依法对其进行计量检定，以保证量度的统一性、标准性及合格性。检定周期最多不能超过一年。对全站仪的检定分为三个方面，对测距性能的检定、对测角性能的检定和对其数据记录、数据通信及数据处理功能的检定。

对全站仪的检定主要有以下几方面：

（1）光电测距单元性能测试。测试光相位均匀性、周期误差、内符合精度、精测尺频率，加、乘常数及综合评定其测距精度。必要时，还可以在较长的基线上进行测距的外符合检查。

（2）电子测角系统检测。主要是光学对中器和水准管的检校，照准部旋转时仪器基座方位稳定性检查，测距轴与视准轴重合性检查，仪器轴系误差（照准差、横轴误差、竖盘指标差）的检定，倾斜补偿器的补偿范围与补偿准确度的检定，一测回水平方向指标差的测定和一测回竖直角标准偏差测定。

（3）数据采集与通信系统的检测。主要检查内存中的文件状态，检查储存数据的个数和剩余空间；查阅记录的数据；对文件进行编辑、输入和删除功能的检查；数据通信接口、数据通信专用电缆的检查等。

5. 全站仪的使用方法

（1）安置仪器。使用时，首先在测站点安置电子经纬仪，在电子经纬仪上连接安装光电测距仪，在目标点安置反光棱镜，用电子经纬仪瞄准反光棱镜的觇牌中心，操作键盘，在显示屏上显示水平角和垂直角。

（2）测量。用光电测距仪瞄准反光棱镜中心，操作键盘，测量并输入测量时的温度、气压和棱镜常数，然后置入天顶距（即电子经纬仪所测垂直角），即可显示斜距、高差和水平距离。最后，再输入测站点的坐标方位角及测站点的坐标和高程，即可显示照准点的坐标和高程。

（3）数据处理并绘图。全站仪的电子手簿中可储存上述数据，最后输入计算机进行数据处理和自动绘图。

目前，全站型电子速测仪已逐步向自动化程度更高、功能更强大的全站仪发展。

1）使用全站仪前，应认真阅读仪器使用说明书。先对仪器有全面的了解，然后着重学习一些基本操作，如测角、测距、测坐标、数据存储、系统设置等。在此基础上再掌握其他如导线测量、放样测量等方法。然后可进一步学习掌握存储卡的使用。

2）凡迁站都应先关闭电源并将仪器取下装箱搬运。

3）电池充电时间不能超过专用充电器规定的充电时间，否则有可能将电池烧坏或者缩短电池的使用寿命。若用快速充电器，一般只需要 60~80min。电池如果长期不用，则一个月之内应充电一次。存放温度以 0~40℃ 为宜。

4）仪器安置在三脚架上之前，应检查三脚架的三个伸缩螺旋是否已旋紧。在用连接螺旋将仪器固定在三脚架上之后才能放开仪器。在整个操作过程中，观测者决不能离开仪器，以避免发生意外事故。

5）严禁在开机状态下插拔电缆，电缆、插头应保持清洁、干燥。插头如有污物，需进行清理。

6）在阳光下或阴雨天进行作业时，应打伞遮阳、避雨。

7）望远镜不能直接照准太阳，以免损坏测距部的发光二极管。

8）仪器应保持干燥，遇雨后应将仪器擦干，放在通风处，待仪器完全晾干后才能装箱。仪器应保持清洁、干燥。由于仪器箱密封程度很好，因而箱内潮湿会损坏仪器。

9）电子手簿（或存储卡）应定期进行检定或检测，并进行日常维护。

10）全站仪长途运输或长久使用以及温度变化较大时，宜重新测定并存储视准轴误差及整盘指示差。

2.7　GPS 卫星定位系统

1. GPS 卫星定位系统简介

GPS（Global Positioning System）即全球定位系统（图 2-153），是由美国建立的一个卫星导航定位系统，利用该系统，用户可以在全球范围内实现全天候、连续、实时的三维导航定位和测速；另外，利用该系统，用户还能够进行高精度的时间传递和高精度的精密定位。

近年来，GPS 定位技术在应用基础的研究、新应用领域的开拓及软硬件的开发等方

图 2-153　GPS

面均取得了迅速发展，使得 GPS 精密定位技术已经广泛地渗透到了经济建设和科学技术的许多领域，尤其是在大地测量学及其相关学科领域，如地球力学、海洋大地测量学、地球物理勘探和资源勘察、工程测量、变形监测、城市控制测量、地籍测量等方面都得到了广泛应用。

2. GPS 卫星定位系统构成

（1）GPS 的空间星座部分。GPS 卫星定位系统的空间星座部分由 24 颗卫星组成，卫星均匀分布在 6 个相对于赤道的倾角为 55°的近似圆形轨道上，轨道面之间夹角为 60°，每个轨道上 4 颗卫星运行，它们距地面表面的平均高度约为 20200km，运行周期为 11h 58min。这种星座布局（图 2-154）可保证位于任一地点的用户在任一时刻均可收到 4 颗以上卫星的信号，实现瞬时定位。

GPS 卫星的主体呈圆柱形，两侧有太阳能帆板，能自动对日定向。太阳能电池为卫星提供工作用电。每颗卫星都配有 4 台原子钟，可为卫星提供高精度的时间标准。

GPS 卫星的基本功能是：接收并存储来自地面控制系统的导航电文；在原子钟的控制下自动生成测距码和载波；采用二进制相位调制法将测距码和导航电文调制在载波上播发给用户；按照地面控制系统的命令调整轨道，调整卫星钟，修复故障或启用备用件以维护整个系统的正常工作。

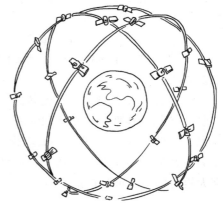

图 2-154　GPS 星座布局

（2）GPS 的地面控制部分。GPS 的地面控制部分由 1 个主控站、5 个监测站、3 个注入站以及通信和辅助系统组成。主控站位于美国科罗拉多州的联合空间工作中心，3 个注入站分别位于大西洋、印度洋、太平洋的 3 个美国军事基地上，5 个监测站除了位于 1 个主控站和 3 个注入站以外，还在夏威夷设了 1 个监测站。

监测站设在科罗拉多、阿松森群岛、迪戈加西亚、卡瓦加兰和夏威夷。站内设有双频 GPS 接收机、高精度原子钟、气象参数测试仪和计算机等设备。主要任务是完成对 GPS 卫星信号的连续观测，并将算得的站星距离、卫星状态数据、导航数据、气象数据传送到主控站。

主控站设在美国科罗拉多州联合空间工作中心。它负责协调管理地面监控系统，还负责将监测站的观测资料联合处理推算各个卫星的轨道参数、状态参数、时钟改正、大气修正参数等，并将这些数据按一定格式编制成电文传输给注入站。此外，主控站还可以调整偏离轨道的卫星，使之沿预定轨道运行或起用备用卫星。

注入站设在阿松森群岛、迪戈加西亚、卡瓦加兰。其主要作用是将主控站要传输给卫星的资料以一定的方式注入卫星存储器中，供卫星向用户发送。

（3）GPS 的用户设备部分。用户设备包括 GPS 接收机和相应的数据处理软件。GPS 接收机一般包括接收机天线、主机和电源。随着电子技术的发展，现在的 GPS 接收机已经高度集成化和智能化，实现了将接收天线、主机和电源全部制作在天线内，并能自动捕获卫星和采集数据。

GPS 接收机的任务是捕获卫星信号，跟踪并锁定卫星信号，对接收到的信号进行处理，译出卫星广播的导航电文，进行相位测量和伪距测量，实时计算接收机天线的三维坐标、速度和时间。

GPS 接收机按用途分为导航型、测地型和授时型接收机；按使用的载波频率分为单频接收机（用 L_1 载波）和双频接收机（用 L_1、L_2 载波）。

3. GPS 卫星定位系统的优势

（1）测站点间不要求通视，这样可根据需要布点，无需建造觇标。

（2）定位精度高，目前单频接收机的相对定位精度可达到 $5mm+1\times10^{-6}D$，双频接收机甚至可优于 $5mm+1\times10^{-7}D$。

（3）观测时间短，人力消耗少。

（4）可提供三维坐标，即在精确测定观测站平面位置的同时，还可以精确测定观测站的大地高程。

（5）操作简便，自动化程度高。

（6）全天候作业，可在任何时间、任何地点连续观测，一般不受天气状况的影响。

但由于进行 GPS 测量时，要求保持观测站的上空开阔，以便于接受卫星信号，因此，GPS 测量在某些环境下并不适用，如地下工程测量，紧靠建筑物的某些测量工作及在两旁有高大楼房的街道或巷内的测量等。

 本章小结及综述

通过本章学习，读者应侧重掌握测量仪器及设备的使用，总的来说，可以概括为以下四点：

1. 测量放线工的主要任务是根据设计图纸和要求，遵守现行的规范和规程，制定切实可行的施测方案，选择适应的各种测量仪器、工具和方法。在放线过程中，无论计算和观测都要步步进行校核，防止错误发生。

2. 随着国民经济的不断发展，施工技术水平、精度要求及施工机械化、自动化程度的提高，对测量工作也有新的要求。作为一名测量人员，不仅要掌握传统的测量工具，还应熟悉并能熟练使用新的仪器和设备。

3. 水准器是用来整平仪器的一种装置，它用来指示仪器的水平视线是否水平，竖轴是否铅直，致使仪器提供水平线和铅垂线，基本上外业测量仪器均是以水准器为基础的。

4. 全站仪是一种由机械、光学、电子元件组合而成的测量仪器，可以进行角度、距离、高差测量和数据处理，只需一次安置仪器便可以完成测站上所有的测量工作。它实现了观测结果的完全信息化、观测信息处理的自动化和实时化，并可实现观测数据的野外实时存储以及内业输出等，极大地方便了测量工作。

测量放线方法

 本章重点难点提示

1. 熟悉水准测量的原理及方法。
2. 掌握水准线路测量的布设形式及施测方法。
3. 熟悉角度测量的原理。
4. 掌握水平角测量和竖直角测量的方法。
5. 熟悉经纬仪导线测量
6. 熟悉距离测量的原理。
7. 掌握距离测量的方法。
8. 掌握建筑物的定位和放线方法。

3.1 水准测量

确定地面点高程的工作称为高程测量，水准测量（图 3-1）是测定高程的主要方法。水准测量是利用水准仪（图 3-2）提供的水平视线测定高差来计算高程的。

1. 水准测量原理

（1）高差法原理。如图 3-3 所示，要测出 B 点的高程 H_B，则在已知高程点 A 和待求高程点 B 上分别竖立水准尺，利用水准仪提供的水平视线在两尺上分别读数 a、b，a、b 的差值就是 A、B 两点间的高差，即

$$h_{AB} = a - b$$

图 3-1　水准测量

图 3-2　水准仪

根据 A 点的高程 H_A 和高差 h_{AB}，就可计算出 B 点的高程：

$$H_B = H_A + h_{AB}$$

上式这种直接利用高差 h_{AB} 计算 B 点高程的方法称高差法。

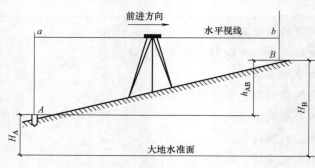

图 3-3　高差法

（2）仪高法原理。经常采用仪器视线高 H_i 计算 B 点高程，称仪高法。即

视线高程：$$H_i = H_A + a$$

B 点高程：$$H_B = H_i - b$$

当安置一次仪器要求测出若干个前视点的高程时，应采用仪高法，此法在建筑工程测量中被广泛应用。

2. 水准测量的方法

（1）每站高差等于水平视线的后视读数减去前视读数。

（2）起点至闭点的高差等于各站高差的总和，也等于各站后视读数的总和减去前视读数的总和。

3. 水准线路测量

（1）水准点的标记。用水准测量的方法测定的高程控制点称为水准点，简记 BM。水准点可作为引测高程的依据。水准点有永久性和临时性两种。永久性水准点是国家有关专业测量单位按统一的精度要求在全国各地建立的国家等级的水准点。建筑工程中，通常需要设置一些临时性的水准点，这些可用木桩打入地下，桩顶钉一个顶部为半球状的圆帽铁钉（图3-4），也可以利用稳固的地物，如坚硬的岩石、房角等，作为高程起算的基准（图3-5）。

图 3-4 桩顶钉一个顶部为半球状的圆帽铁钉

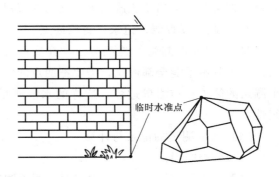

图 3-5 坚硬的岩石、房角作为高程起算的基准

（2）水准路线的布设形式

1）闭合水准路线：形成环形的水准路线，如图3-6 a 所示。

2）附合水准路线：在两个已知点之间布设的水准路线，如图3-6 b 所示。

3）支水准路线：由一个已知水准点出发，而另一端为未知点的水准路线。该路线既不自行闭合，也不附合到其他水准点上，如图3-6 c 所示。为了成果检核，支水准路线必须进行往、返测量。

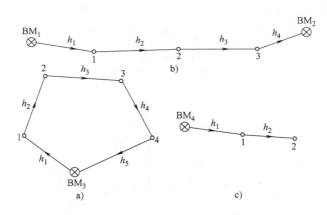

图 3-6 单一水准路线的三种布设方式

（3）水准测量的施测方法

1）简单水准测量的观测程序

① 在已知高程的水准点上立水准尺，作为后视尺。

②　在路线的前进方向上的适当位置放置尺垫，在尺垫上竖立水准尺作为前视尺。仪器距两水准尺间的距离基本相等，最大视距不大于150m。

③　安置仪器，使圆水准器气泡居中。照准后视标尺，消除视差，用微倾螺旋调节水准管气泡并使其精确居中，用中丝读取后视读数，记入手簿。

④　照准前视标尺，使水准管气泡居中，用中丝读取前视读数，并记入手簿。

⑤　将仪器迁至第二站，同时，第一站的前视尺不动，变成第二站的后视尺，第一站的后视尺移至前面适当位置成为第二站的前视尺，按第一站相同的观测程序进行第二站测量。

⑥　如此连续观测、记录，直至终点。

2）复合水准测量的施测方法。在实际测量中，由于起点与终点间距离较远或高差较大，一个测站不能全部通视，需要把两点间距分成若干段，然后连续多次安置仪器，重复一个测站的简单水准测量过程，这样的水准测量称为复合水准测量，它的特点就是工作的连续性。

（4）水准测量的记录与计算

1）高差法计算

如图3-7所示，每安置一次仪器，便可测得一个高差，即

$$h_1 = a_1 - b_1$$
$$h_2 = a_2 - b_2$$
$$h_3 = a_3 - b_3$$
$$h_4 = a_4 - b_4$$

将以上各式相加，则

$$\sum h = \sum a - \sum b$$

即 A、B 两点的高差等于各段高差的代数和，也等于后视读数的总和减去前视读数的总和。根据 BM_A 点高程和各站高差，可推算出各转点高程和 B 点高程。

最后由 B 点高程 H_B 减去 A 点高程 H_A，应等于 $\sum h$，即

$$H_B - H_A = \sum h$$

因而有

$$\sum a - \sum b = \sum h = H_{终} - H_{始}$$

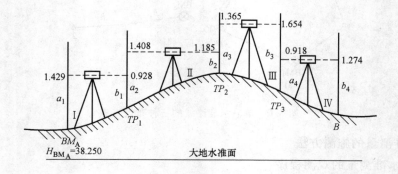

图3-7　高差法计算

2）仪高法计算。仪高法的施测步骤与高差法基本相同。

仪高法的计算方法与高差法不同，须先计算仪高 H_i，再推算前视点和中间点的高程。为了防止计算上的错误，还应进行计算检核，用下式进行检核。

$$\sum a - \sum b(\text{不包括中间点}) = H_\text{终} - H_\text{始}$$

（5）水准测量的检核

1）计算检核

$$\sum a - \sum b = \sum h = H_\text{终} - H_\text{始}$$
$$\sum a - \sum b = H_\text{终} - H_\text{始}$$

按上式分别计算检核式，若等式成立，说明计算正确，否则说明计算有错误。

2）测站检核

① 双仪高法。在同一个测站上，第一次测定高差后，变动仪器高度（大于 0.1m 以上），再重新安置仪器观测一次高差。两次所测高差的绝对值不超过 5mm，取两次高差的平均值作为该站的高差，如果超过 5mm，则需要重测。

② 双面尺法。在同一个测站上，仪器高度不变，分别利用黑、红两面水准尺测高差，若两次高差之差的绝对值不超过 5mm，则取平均值作为该站的高差，否则重测。

3）路线成果检核

① 附合水准路线。为使测量成果得到可靠的校核，最好把水准路线布设成附合水准线。对于附合水准路线，理论上在两已知高程水准点间所测得各站高差之和应等于起止两水准点间的高程之差，即式

$$\sum a - \sum b = \sum h = H_\text{终} - H_\text{始}$$

其差值称为高差闭合差。所以附合水准路线的高差闭合差为式

$$f_\text{h} = \sum a - \sum b - (H_\text{终} - H_\text{始})$$

高差闭合差的大小在一定程度上反映了测量成果的质量。

② 闭合水准路线。在闭合水准路线上也可对测量成果进行校核。对于闭合水准路线因为它起始于同一个点，所以理论上全线各站高差之和应等于零，即

$$\sum h = 0$$

如果高差之和不等于零，则其差值即 $\sum h$ 就是闭合水准路线的高差闭合差，即

$$f_\text{h} = \sum h$$

③ 支水准线路。支水准线路必须在起点，终点用往返测进行校核。理论上往返测所得高差绝对值应相等，但符号相反，或者是往返测高差的代数和应等于零，即

$$\sum h_\text{往} = -\sum h_\text{返}$$
$$\sum h_\text{往} + \sum h_\text{返} = 0$$

如果往返测高差的代数和不等于零，其值即为支水准线路的高差闭合差，即

$$f_\text{h} = \sum h_\text{往} + \sum h_\text{返}$$

有时也可以用两组并测来代替一组的往返测以加快工作进度。两组所得高差应相等，若不等，其差值即为支水准线路的高差闭合差。故

$$f_\text{h} = \sum h_1 - \sum h_2$$

闭合差的大小反映了测量成果的精度。在各种不同性质的水准测量中，都规定了高差闭合的限值即容许高差闭合差，用 $f_{h容}$ 表示。一般图根水准测量的容许高差闭合差为

$$平地：f_{h容} = \pm 40\sqrt{L}（mm）$$

$$山地：f_{h容} = \pm 12\sqrt{n}（mm）$$

其中，L 为附合水准路线或闭合水准路线的总长，对支水准线路，L 为测段的长，均以 km 为单位；n 为整个线路的总测站数。

（6）施工场地水准点设立及高程测量

1）施工场地高程控制的要求。水准点的密度应尽可能使得在施工放样时，安置一次仪器即可测设出建筑物的各标高点；在施工期间，水准高程点的位置应保持稳定。由此可见，在测绘地形图时测设的水准点并不一定适用，并且密度也不够，必须重新建立高程控制点。当场地面积较大时，高程控制点可分为两级布设，一级为首级网，另一级为在首级网上加密的加密网。相应的水准点称为基本水准点和施工水准点。

2）基本水准点。基本水准点是施工场地上高程的首级控制点，可用来校核其他水准点高程是否有变动。在一般建筑场地上，通常埋设三个基本水准点，将其布设成闭合水准路线，并按城市三、四等水准测量要求进行施测。对于为满足连续性生产车间、地下管道测设的需要所设立的基本水准点，则应采用三等水准测量要求进行施测。

3）施工水准点。施工水准点用来直接测设建（构）筑物的标高。为了测设方便和减少误差，水准点应靠近建（构）筑物，通常在建筑方格网的标志上加设圆头钉作为施工水准点。对于中型、小型建筑场地，施工水准点应布设成闭合路线或附合路线，并根据基本水准点按城市四等水准或图根水准要求进行测量。

为了测设的方便，在每栋较大建（构）筑物附近还要测设 ±0.000 的水准点。其位置多选在较稳定的建筑物墙、柱的侧面。用红油漆绘成上顶线为水平线的三角形。

由于施工场地情况变化大，有可能使施工水准点的位置发生变化。因此，必须经常进行检查。即将施工水准点与基本水准点进行联测，以校核其高程值有无变动。

4）水准点的高程测量。水准点的高程测量采用附合水准线路的测量方法进行。其精度要求应满足测量规范的有关规定。

一般工业与民用建筑在高程测设精度方面要求并不高，通常采用四等水准测量方法，测定基本水准点及施工水准点所组成的环形水准路线即可，甚至有时用图根水准测量（即等外水准）也可以满足要求。但是，对于连续性生产车间，各构筑物之间有专门设备要求互相紧密联系，对高程测设精度要求高，应根据具体需要敷设较高精度的高程控制点，以满足测设的精度要求。

（7）建筑方格网的测设方法

1）建筑方格网点的定位。建筑方格网测量之前，应以主轴线为基础，将方格点的设计位置进行初步放样。要求初放的点位误差不大于 5cm。初步放样的点位用木桩临时标定，然后埋设永久标桩。如设计点所在的位置地面标高与设计标高相差很大，这时应在方格点设计位置附近的方向线上埋设临时木桩。

2）导线测量法

① 中心轴线法。在建筑场地不大，布设一个独立的方格网就能满足施工定线要求时，则一般先行建立方格网中心轴线，如图3-8所示，AB 为纵轴，CD 为横轴，中心交点为 O，轴线测设调整后，再测设方格网，从轴线端点定出 N_1、N_2、N_3 和 N_4 点，组成大方格，通过测角、量边、平差调整后构成一个四个环形的 Ⅰ 级方格网，然后根据大方格边上定位，定出边上的内分点和交会出方格中的中间点，作为网中的 Ⅱ 级点。

② 附合于主轴线法。如果建筑场地面积较大，各生产连续的车间可以按其不同精度要求建立方格网，则可以在整个建筑场地测设主轴线，在主轴线下部分建立方格网，如图3-9所示，为在一条三点直角形主轴线下建立由许多分部构成的一个整体建筑方格网。

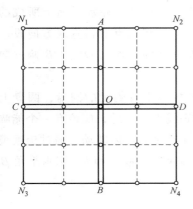

图 3-8　中心轴线方格网

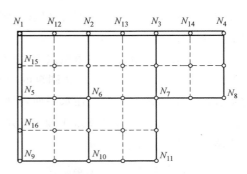

图 3-9　附合于主轴线方格网

③ 一次布网法。一般小型建筑场地和在开阔地区中建立方格网，可以采用一次布网。测设方法有两种情况，一种方法不测设纵横主轴线，尽量布成 Ⅱ 级全面方格网，如图3-10所示，可以将长边 $N_1 \sim N_5$ 先行定出，再从长边做垂直方向线定出其他方格点 $N_6 \sim N_{15}$，构成八个方格环形，通过测角、量距、平差、调整后的工作，构成一个 Ⅱ 级全面方格网。另一种方法，只布设纵横轴线作为控制，不构成方格网形。

3）三角测量法。采用小三角测量建立方格网有两种形式：一种是附合在主轴线上的小三角网，如图3-11所示，为中心六边形的三角网附合在主轴线 AOB 上。另一种形式是将三角网或三角锁附合在起算边上。

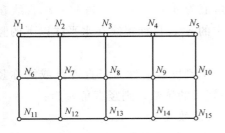

图 3-10　一次布设方格网

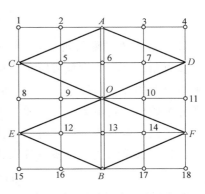

图 3-11　附合三角网方格网

3.2 角度测量

1. 角度测量基本原理

测量中的角度测量（图3-12）包括水平角测量和竖直角测量两种。水平角测量用于确定地面点的平面位置，竖直角测量用于确定两点间的高差或将倾斜距离转换成水平距离。角度测量的常用仪器是经纬仪。

（1）水平角观测原理。地面上一点到两目标的方向线，垂直投影在水平面上所成的夹角称为水平角。如图3-13所示，A、O、B为地面上任意三点，将三点沿铅垂线方向投影到水平面H上，得到相应的A'、O'、B'点，则水平面上的夹角β即为地面OA、OB两方向线间的水平角。

为了测量水平角值，可在角顶点O的铅垂线上水平放置一个有刻度的圆盘，圆盘上有顺时针方向注记的$0°\sim360°$刻度，圆盘的中心在O点的铅垂线上。另外，应该有一个能瞄目标的望远镜，望远镜不但可以在水平面内转动，而且还应能在竖直面内转动。通过望远镜可分别瞄准高低、远近不同的目标A和B，并在圆盘上得到相应的读数a和b，则水平角β即为两个读数之差。即：$\beta=b-a$。

图3-12　角度测量

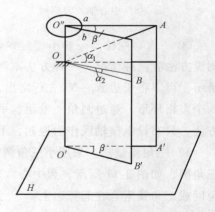

图3-13　角度测量原理

（2）竖直角观测原理。同一铅垂面内，一点到观测目标的方向线与水平线之间的夹角称为竖直角，又称为倾角或竖角，通常用α表示，其角值为$0°\sim\pm90°$。一般将目标视线在水平线以上的竖直角称为仰角，角值为正，如图3-13中的α_1；目标视线在水平线以下的竖直角称为俯角，角值为负，如图3-13中α_2。

为了测定竖直角，可在过目标点的铅垂面内装置一个刻度盘，称为竖直度盘或简称竖盘。通过望远镜和读数设备可分别获得目标视线和水平视线的读数，则竖直角α为：

$$\alpha=目标视线读数-水平视线读数$$

对于某一种仪器来说，水平视线方向的竖盘读数是一个固定值，如$0°$、$90°$、$180°$、

270°，测角前可以根据竖盘的位置来确定。所以测量竖直角时，只要瞄准观测目标，读出竖盘读数，就可计算出竖直角。

2. 水平角测量和记录

水平角测量常用测回法和方向法，具体方法一般是根据所使用的仪器、测角的精度要求和目标的多少而定。

（1）测水平角的准备工作（图 3-14）

1）人员配备：仪器观测 1 人，记录 1 人，目标点竖立标志数人。

2）仪器、工具配备：经纬仪 1 台，脚架 1 个，垂球 1 只，标杆或测钎数根，观测记录簿、铅笔、小刀等。

3）检校经纬仪。

（2）测回法测水平角

1）适用于观测两个方向之间的单个角度。

2）测水平角 AOB，如图 3-15 所示。

图 3-14　测水平角的准备工作

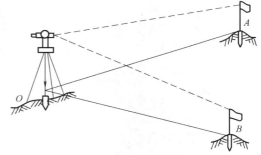

图 3-15　测回法测水平角 AOB

① 安置经纬仪于 O 点，对中调平。

② 在目标点 A、B 上竖立标杆或测钎。

③ 盘左位置观测，称为上半测回。

a. 顺时针旋转照准部，瞄准左边目标 A，读取水平度盘读数 $a_左$，记入观测记录簿。

b. 顺时针旋转照准部，瞄准右边目标 B，读取水平度盘读数 $b_左$，记入记录簿。

c. 计算水平角 $\beta_左$：

$$\beta_左 = b_左 - a_左$$

④ 盘右位置观测，称为下半测回

a. 瞄准右边目标 B，读数 $b_右$，记入记录簿。

b. 逆时针旋转照准部，瞄准左边目标 A，读数 $a_右$，记入记录簿。

c. 计算水平角 $\beta_右$：

$$\beta_右 = b_右 - a_右$$

3）计算水平角 β

① $\Delta\beta=\beta_{左}-\beta_{右}\leqslant\pm40''$ 时：

$$\beta=\frac{1}{2}(\beta_{左}+\beta_{右})$$

② $\Delta\beta>\pm40''$ 时，重测。

4）注意事项

① 半测回角值必须是右目标读数减左目标读数，当不够减时，右目标读数加 360° 再减。

② 通常起始方向度盘配置在稍大于 0° 的位置，便于计算。

③ 当测角精度要求较高时，往往需要测 n 个测回。各测回起始方向度盘配置，按递增，n 为测回数。如 n 为 3，第一测回起始方向略大于 0°，第二测回略大于 60°，第三测回则略大于 120°。

（3）用电子经纬仪（图 3-16）以测回法测量水平角。用电子经纬仪以测回法测量水平角有操作简单、读数快捷等优点。用电子经纬仪测量图 3-17 中的 $\angle AOB$ 的操作步骤如下。

图 3-16　电子经纬仪

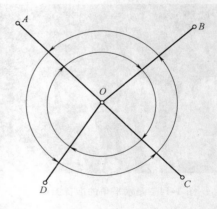

图 3-17　全圆方向法测水平角

1）在 O 点上安置电子经纬仪后，打开电源，先选定左旋和 DEG 单位制，然后以盘左位后视 A 点，按置 0 键，则水平度盘显示 0°00′00″。

2）打开制动螺旋、转动望远镜，照准前视 B 点后，水平度盘上则显示 55°43′39″，为前半测回。

3）以盘右位置用锁定键以 180°00′00″ 后视 A 点，打开制动螺旋、转动望远镜，照准前视 B 点后，水平度盘显示 235°43′39″。则 $\angle AOB = 235°43′39″ - 180°00′00″ = 55°43′39″$，即为后半测回。

（4）方向法测水平角。方向法测水平角，如图 3-18 所示，又分全圆方向法和方向法两种。

1）全圆方向法

① 当观测方向数超过 3 个时，观测从起始方向起顺次进行，最后又回到起始方向进行观测的方法，称为全圆方向法，如图 3-17 所示。

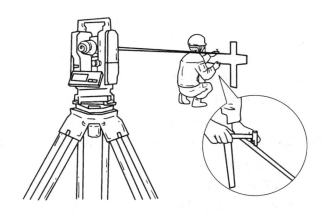

图 3-18　电子经纬仪方向法测水平角

② 观测步骤

a. 安置经纬仪于测站 O，对中调平。

b. 在目标 A、B、C、D 点上竖立标杆或测钎。

c. 盘左位置

（a）瞄准起始方向 A（又称零方向），读取水平度盘读数 a，记入记录簿。

（b）顺时针方向转动照准部，依次瞄准 B、C、D，分别读取读数 b、c、d，记入记录簿。

（c）继续顺时针方向转动照准部，再次瞄准起始方向 A，读取读数 a'，记入记录簿。这一步骤称为"归零"。a 与 a' 之差称为"半测回归零差"。

d. 盘右位置

（a）瞄准起始方向 A，读取读数，记入记录簿。

（b）逆时针方向转动照准部，依次瞄准 D、C、B 各方向，将读数记入记录簿。

（c）继续逆时针方向转动照准部，再次瞄准 A，将读数记入记录簿。

③ 全圆方向法的精度要求

a. 半测回归零差：盘左位置观测，称为上半测回。观测时从 A 方向起顺时针方向按 B、C、D 进行观测，然后，再次照准起始方向 A，称为归零。因此，A 方向有两次读数，其差值称为半测回归零差。盘右位置观测称为下半测回，也有半测回归零差。对于 DJ$_6$ 型光学经纬仪，归零差不得超过 ±18″；DJ$_2$ 型光学经纬仪，归零差不得超过 ±8″。

b. 2C 值：同一方向，盘左和盘右读数之差，称为 2C 值。即 2C ＝ 盘左读数 −（盘右读数 ±180°）。同一测回各方向 2C 值互差，对于 DJ$_6$ 型光学经纬仪无规定，对于 DJ$_2$ 型光学经纬仪不得超过 ±13″。

c. 各测回同一方向"归零后方向值"校差：将起始方向 A 的方向值换算为 0°00′00″，其余各方向值减去一个相应的数值进行换算，即得各方向"归零后方向值"。其校差对于 J6 型光学经纬仪不得超过 ±24″，对于 J2 型光学经纬仪不得超过 ±9″。

2）方向法

① 当观测方向数为三个时，观测从起始方向起顺次进行，且不归零的方法，称为方向

法，如图 3-19 所示。

② 观测步骤

a. 安置经纬仪于测站 O，对中调平。

b. 在目标 A、B、C 点上竖立标杆或测钎。

c. 盘左位置观测，称为上半测回。

（a）瞄准起始方向 A，将读数记入记录簿。

（b）顺时针方向转动照准部，依次瞄准目标 B、C，将读数记入记录簿。

d. 盘右位置观测，称为下半测回。

（a）瞄准目标 C，将读数记入记录簿。

（b）逆时针方向转动照准部，依次瞄准 B、A 点，将读数记入记录簿。

3. 竖直角测量

（1）竖直角测角装置。光学经纬仪测竖直角的装置包括竖直度盘、指标水准管和读数指标等，如图 3-20 所示。竖直度盘固定在望远镜水平轴的一端与水平轴垂直，且二者中心重合。当仪器调平后，竖直度盘随望远镜在竖直面内转动；用于读取竖直度盘读数的指标水准管与竖直度盘水准管固连在一起，通过调整竖直度盘指标水准管的微动旋钮，使水准管气泡居中，指标处于正确位置。

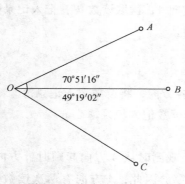

图 3-19 方向法测水平角

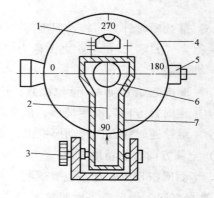

图 3-20 竖直角测角装置

1—指标水准管 2—读数指标 3—指标水准管微动旋钮
4—竖直度盘 5—望远镜 6—水平轴 7—框架

竖直度盘由玻璃制成，其刻划按 0°~360° 注记，分为顺时针方向和逆时针方向两种，图 3-21 所示为顺时针方向注记。

竖直度盘水准管与竖直度盘指标水准管应满足如下条件：当视准轴水平，竖直度盘指标水准管气泡居中时，盘左的竖直度盘读数为 90° 或 90° 的整数倍，如图 3-21 a 所示为 90°，图 3-21 b 所示为 0°。

（2）测竖直角计算公式

1）竖直角计算公式。测竖直角之前，将望远镜大致置于水平位置，读取一个读数，然后仰起望远镜，若读数增加，则竖直角计算公式为：

$$\alpha = （瞄准目标时读数）-（视线水平时读数）$$

若读数减少，则竖直角计算公式为：

$$\alpha = （视线水平时读数）-（瞄准目标时读数）$$

2）竖直度盘指标差及计算公式

① 竖直度盘指标差。在竖角的观测中，条件是当视准轴水平，竖直度盘指标水准管气泡居中时，竖直度盘读数应是90°的整数倍；但实际上这个条件往往不能满足。竖直度盘指标不是指在90°或90°的整数倍上，它与90°或90°的整数倍的差值 x 角，称为竖直度盘指标差，如图3-22所示。

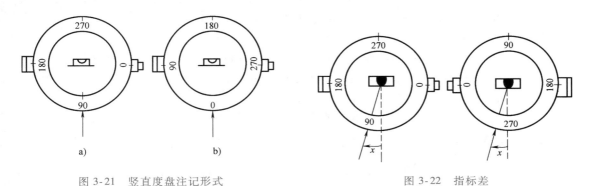

图 3-21　竖直度盘注记形式　　　　　　　图 3-22　指标差

② 竖直度盘指标差计算公式

$$x = \frac{1}{2}(\alpha_R - \alpha_L) = \frac{1}{2}\left[(L+R)-360°\right]$$

式中　α_R——盘右竖直角角值（°）；

　　　α_L——盘左竖直角角值（°）；

　　　R——盘右读数（°）；

　　　L——盘左读数（°）。

竖直角观测时，同一测站上不同目标的指标差互差的限差：DJ_2 型经纬仪不得超过 ±15″，DJ_6 型经纬仪不得超过 ±25″。符合限差要求时，盘左、盘右竖直角取平均值：

$$\alpha = \frac{1}{2}(\alpha_R + \alpha_L)$$

（3）测竖直角

1）测竖直角准备工作与测水平角相同。

2）测竖直角及记录、计算：

① 安置经纬仪于 O 点，在目标 A 处竖立标杆或其他照准目标，如图3-23所示。

② 盘左位置瞄准目标，使十字横丝精确切准 A 点标杆的顶端。

③ 旋动竖直度盘指标水准管微动旋钮，使竖直度盘指标水准管气泡居中，并读取竖直度盘读数 L（78°30′06″），记入记录簿。

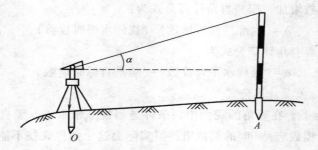

图 3-23 测竖直角

④ 以盘右位置同上瞄准原目标相同部位，旋动竖直度盘指标水准管微动旋钮，使竖直度盘指标水准管气泡居中，并读取读数 R（281°29′42″），记入记录簿。

⑤ 计算竖直角：

$$\alpha_L = 90° - L = 90° - 78°30′06″ = +11°29′54″$$

$$\alpha_R = R - 270° = 281°29′42″ - 270° = +11°29′42″$$

$$\alpha = \frac{1}{2}(\alpha_R + \alpha_L) = +11°29′48″$$

⑥ 计算指标差：

$$x = \frac{1}{2}(\alpha_R - \alpha_L) = \frac{1}{2}(11°29′42″ - 11°29′54″) = -6″$$

⑦ 将上述⑤、⑥步骤计算结果填入记录簿中。

⑧ B 目标的竖直角测量与 A 目标相同，计算指标差为 -9″。

⑨ 在测站 O 上，A、B 两目标指标互差为 ±3″，小于规范要求的 ±25″，结果合格。

（4）经纬仪测设倾斜平面（图 3-24）

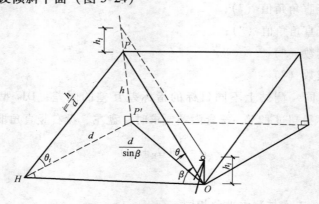

图 3-24 经纬仪测设倾斜平面

1）原理

在 $\mathrm{Rt}\triangle P'HO$ 中，$OP' = \dfrac{d}{\sin\beta}$

在 $\mathrm{Rt}\triangle PP'O$ 中，$\tan\theta = \dfrac{h}{d/\sin\beta'} = \dfrac{h}{d}\cdot\sin\beta$

在 Rt$\triangle HP'P$ 中，$i=\tan\theta_i=\dfrac{h}{d}$

当倾斜平面的坡度较大时，如图 3-24 所示，OP 为欲测设的倾斜平面，其坡度 $i=\tan\theta$ 为已知，水平角 $\angle HOP=\beta$ 和竖直角 $\angle P'OP=\theta$ 为经纬仪实测值，由图 3-24 中可以看出：

$$\tan\theta=i\cdot\sin\beta$$

2）测法

按公式 $\tan\theta=i\cdot\sin\beta$ 测设倾斜平面的步骤如下：

① 在倾斜平面的底边上 O 点安置经纬仪，量出仪器高 h_i。

② 用 $0°00'00''$ 后视斜平面的底边方向 OH，前视倾斜平面上任意点 P，测出水平角 β 值。

③ 根据倾斜平面的坡度 i 和所测得的 β 值，代入公式算出 P 点处的应读仰角 $\theta=\arctan$ $(i\cdot\sin\beta)$。

④ 将望远镜仰角置于 θ 处，此时若望远镜十字横线正对准 P 点的 h_i 处，则该点正在所要测设的倾斜平面上。

4. 经纬仪导线测量

在测区内将相邻控制点布设成连续的折线，称为导线。构成导线的控制点，称为导线点。

用经纬仪测量导线的转折角，用钢卷尺测量导线的长度。这个被测导线，称为经纬仪导线。

（1）经纬仪导线布设形式

1）闭合导线。闭合导线是起、终止于同一已知点的导线，如图 3-25 所示。即导线从已知点 B 和已知方向 BA 出发，经过若干导线点，最后仍回到起始点 B，形成一闭合多边形的导线。

它本身具有严密的几何条件，因而能起检验审核的作用。闭合导线通常用于小测区首级平面控制测量。

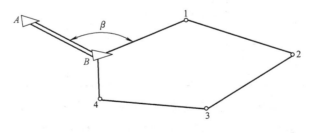

图 3-25 闭合导线

2）附合导线。附合导线是布设在两已知点间的导线，如图 3-26 所示，即导线从一已知高级控制点 B 和已知方向 BA 出发，经过若干导线点，最后附合到另一已知高级控制点 C 和已知方向 CD 上的导线。

它具有检验审核观测成果的作用，故通常用于平面控制测量的加密，即增加控制点的数量。

3）支导线。支导线是由一已知点和一已知方向出发，既不回到原出发点，又不附合到另一已知点上的导线，如图3-27所示。从已知点 B 和已知方向 BA 出发，经过 1、2 个导线点后所形成的导线。

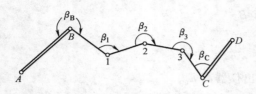

图 3-26　附合导线

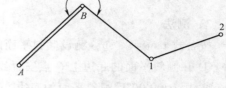

图 3-27　支导线

支导线缺乏检验审核条件，因此，其点数一般不超过两个，它仅用于图根测量。

（2）导线测量外业工作

1）闭合导线测量外业工作（图3-28）

① 踏勘选点。首先收集有关测量资料，包括地形图、现有控制点分布简图，然后，到现场踏勘。根据踏勘收集的资料，在图上规划导线的初步方案。最后到实地合理地选定导线点位置，使之布设成闭合导线形式。导线边长应满足表3-1中的要求。

图 3-28　闭合导线测量外业工作

表 3-1　导线测量主要技术要求

等级		附合导线长度/m	平均边长/m	往返测量较差相对误差	测角中误差（″）	测回数		方位角闭合差（″）	导线全长相对闭合差
						DJ₂	DJ₆		
一级		2500	250	1/20000	±5	2	4	±10√n	1/10000
二级		1800	180	1/15000	±8	1	3	±16√n	1/7000
三级		1200	120	1/10000	±12	1	2	±24√n	1/5000
图根	1∶500	500	75	1/3000				±60√n	1/2000
	1∶1000	1000	110						
	1∶2000	2000	180						

② 埋设标志。导线点选定后，应在点位上埋设标志。导线点标志有临时性标志（即在木桩上钉一个小钉作标志），永久性标志（即埋设混凝土桩或石桩，桩顶嵌入带有"+"的金属标志，或将标志直接嵌入水泥地面或岩石上，作为永久性标志）。

标志埋设好后，应按顺序统一编号，并绘一草图，注明与附近明显地物的关系，称为点之记。

③ 测量边长。用检定过的钢卷尺，采用往、返测量的形式测量导线边长，测量结果应满足表3-1中的要求。

④ 测转折角。观测导线转折角时，一般用测回法施测。

转折角位于导线前进方向左侧的，称为左角。位于导线前进方向右侧的，称为右角。

闭合导线观测内角，如果闭合导线按顺时针方向编号，则内角为右角。如果闭合导线按逆时针方向编号，则内角为左角。测角误差应满足表 3-1 中的要求。

⑤ 导线连接测量。当导线需要与高级控制点连接时，则需进行导线连接测量。导线连接测量时，需要观测已知方向与导线边的夹角，称为连接角及连接边。如图 3-29 中 β_A、β_1 及连接边 D_{A1}。

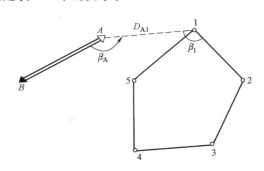

图 3-29　导线连接测量

2）附合导线测量外业工作。附合导线外业工作与闭合导线基本相同，不过在踏勘选点时，应该布设成附合导线形式。测转折角一般观测左角，如图 3-26 中角 β_B、β_1、β_2、β_3、β_C。也可观测右角（与左角相对应的角）。

3）支导线测量外业工作。支导线外业工作在测转折角时应分别观测左角和右角，其余与前两种导线形式相同。

如果测区及附近没有高级控制点，则应用罗盘仪测出导线起始边的磁方位角，并假定起始点的坐标，作为导线的起始数据。

3.3　距离测量

1. 距离测量原理

（1）视距测量原理

1）视线水平时的距离与高差的公式。如图 3-30 所示，A、B 两点间的水平距离 D 与高差 h 分别为：

$$D = KL$$

$$h = i - V$$

式中　D——仪器到立尺点间的水平距离（m）；

　　　　K——常数，通常为 100；

　　　　L——望远镜上下丝在标尺上读数的差值，称视距间隔或尺间隔（m）；

　　　　h——A、B 点间高差（测站点与立尺点之间的高差）（m）；

　　　　i——仪器高（地面点至经纬仪横轴或水准仪视准轴的高度）（m）；

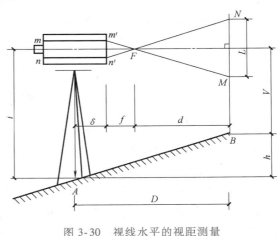

图 3-30　视线水平的视距测量

V——十字丝中丝在尺上读数（m）。

水准仪视线水平是根据水准管气泡居中来确定的。经纬仪视线水平，是根据在竖盘水准管气泡居中时，用竖盘读数为90°或270°来确定的。

2）视线倾斜时计算水平距离和高差的公式。如图3-31所示，A、B两点间的水平距离D与高差h分别为：

$$D = KL\cos^2\alpha$$

$$h = \frac{1}{2}KL\sin2\alpha + i - V$$

式中　α——视线倾斜角（竖直角）；

其他符号含义同前。

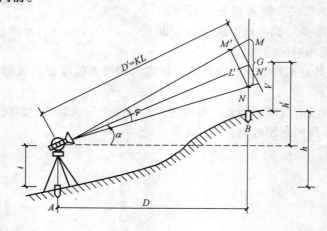

图 3-31　视线倾斜时的视距测量

（2）电磁波测距原理

1）脉冲式光电测距仪测距原理。脉冲式光电测距仪是通过直接测定光脉冲在待测距离两点间往返传播的时间t来测定测站至目标的距离D，如图3-32所示，用测距仪测定两点间的距离D，在B点安置光电测距仪，在A点安置反射棱镜。由测距仪发射的光脉冲，经过距离D到达反射棱镜，再反射回仪器接收系统，所需时间为t_{2D}，则距离D即可按下式求得

$$D = \frac{1}{2}ct_{2D}$$

其中

$$c = \frac{c_0}{n}$$

式中　c——光在大气中的传播速度；

　　　c_0——光在真空中的传播速度，迄今为止所测得的精确值为299792458±1.2（m/s）；

　　　n——大气折射率（$n \geq 1$）。

2）相位式光电测距仪测距原理。相位式光电测距仪是通过光源发出连续的调制光，通过往返传播产生相位差，间接计算出传播时间，从而计算距离。红外测距仪是以砷化镓发光二极管作为光源。若给砷化镓发光二极管注入一定的恒定电流，它发出的红外光光强恒定不

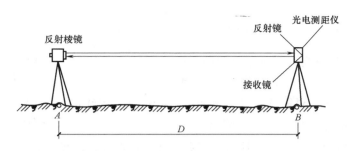

图 3-32 脉冲式光电测距原理

变；若改变注入电流的大小，砷化镓发光二极管发射的光强也随之变化，注入电流大，光强就强；注入电流小，光强就弱。若在发光二极管上注入的是频率为 f 的交变电流，则其光强也按频率 f 发生变化，这种光称为调制光。相位法测距发出的光就是连续的调制光。

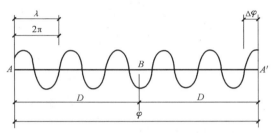

图 3-33 相位式光电测距原理

调制光波在待测距离上往返传播，其光强变化一个整周期的相位差为 2π，将仪器从 A 点发出的光波在测距方向上展开，如图 3-33 所示，显然，返回 A 点时的相位比发射时延了 φ 角，其中包含了 N 个整周（$2\pi N$）和不足一个整周的尾数 $\Delta\varphi$，即

$$\varphi = 2\pi N + \Delta\varphi$$

另一方面，设正弦光波的振荡频率为 f，由于频率的定义是一种振荡的次数，振荡一次的相位差为 2π，则正弦光波经过 t_{2D} 后振荡的相位移为

$$\varphi = 2\pi f t_{2D}$$

可以解出 t_{2D} 为

$$t_{2D} = \frac{2\pi N + \Delta\varphi}{2\pi f} = \frac{1}{f}\left(N + \frac{\Delta\varphi}{2\pi}\right) = \frac{1}{f}(N + \Delta N)$$

其中，$\Delta N = \dfrac{\Delta\varphi}{2\pi}$ 为不足一个周期的小数。

$$D = \frac{c}{2f}(N + \Delta N) = \frac{\lambda_s}{2}(N + \Delta N)$$

其中，$\lambda_s = \dfrac{c}{f}$ 为正弦波的波长，$\dfrac{\lambda_s}{2}$ 为正弦波的半波长，又称测距仪的测尺；取 $c \approx 3 \times 10^8 \text{m/s}$，则不同的调制频率 f 与测尺长度的关系见表 3-2。

表 3-2 调制频率与测尺长度的关系

调制频率 f	15MHz	7.5MHz	1.5kHz	150kHz	75kHz
测尺长 $\dfrac{\lambda_s}{2}$	10m	20m	100m	1km	2km

由表 3-2 可知：调制频率越大，测尺长度越短。

2. 距离测量方法

（1）直线定线

1）目测定线。目测定线就是用目测的方法，用标杆将直线上的分段点标定出来。如图 3-34 所示，M、N 是地面上互相通视的两个固定点，C、D、……为待定段点。定线时，先在 M、N 点上竖立标杆，测量员甲位于 M 点后 1~2m 处，视线将 M、N 两标杆同一侧相连成线，然后指挥测量员乙持标杆在 C 点附近左右移动标杆，直至三根标杆的同侧重合到一起时为止。同法可定出 MN 方向上的其他分段点。定线时要将标杆竖直。在平坦地区，定线工作常与丈量距离同时进行，即边定线边丈量。

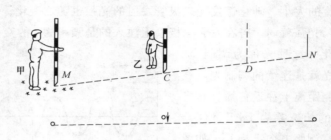

图 3-34　目测定线

2）过高地定线。如图 3-35 所示，M、N 两点在高地两侧，互不通视，欲在 MN 两点间标定直线，可采用逐渐趋近法。先在 M、N 两点上竖立标杆，甲、乙两人各持标杆分别选择 O_1 和 P_1 处站立，要求 N、P_1、O_1 位于同一直线上，且甲能看到 N 点，乙能看到 M 点。可先由甲站在 O_1 处指挥乙移动至 NO_1 直线上的 P_1 处。然后，由站在 P_1 处的乙指挥甲移至 MP_1 直线上的 O_2 点，要求 O_2 能看到 N 点，接着再由站在 O_2 处的甲指挥乙移至能看到 M 点的 P_2 处，这样逐渐趋近，直至 O、P、N 在一直线上，同时 M、O、P 也在一直线上，这时说明 M、O、P、N 均在同一直线上。

3）经纬仪定线。若量距的精度要求较高或两端点距离较长时，宜采用经纬仪定线，如图 3-36 所示，欲在 MN 直线上定出点 1、2、……。在 M 点安置经纬仪，对中、整平后，用十字丝交点瞄准 N 点标杆根部尖端，然后制动照准部，望远镜可以上、下移动，并根据定点的远近进行望远镜对光，指挥标杆左右移动，直至 1 点标杆下部尖端与竖丝重合为止。其他点 2、3、……的标定只需将望远镜的俯角变化，即可定出。

（2）距离丈量

1）平坦地面的距离丈量。沿地面直接丈量水平距离，可先在地面定出直线方向，然后逐段丈量，则直线的水平距离按下式计算：

$$D = nl + q$$

式中　l——钢卷尺的一整尺段长（m）；

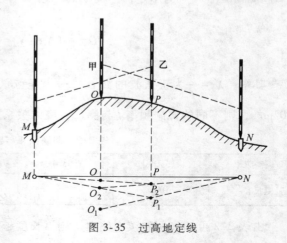

图 3-35　过高地定线

n——整尺段数；

q——不足一整尺的零尺段的长（m）。

丈量时后尺手持钢卷尺零点一端，前尺手持钢卷尺末端，常用测钎标定尺段端点位置。丈量时应注意沿着直线方向，钢卷尺须拉紧伸直。直线丈量时尺量以整尺段丈量，最后丈量余长，以方便计算。丈量时应记清楚整尺段数，或用测钎数表示整尺段数。

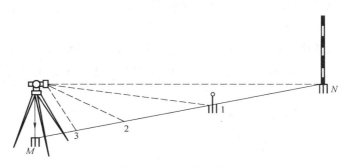

图 3-36　经纬仪定线

2）倾斜地面的距离丈量

① 平量法。如图 3-37 所示，丈量由 M 向 N 进行，后尺手将尺的零端对准 M 点，前尺手将尺抬高，并且目估使尺子水平，用垂球尖将尺段的末端投于 MN 方向线地面上，再插以测钎。依次进行，丈量 MN 的水平距离。若地面倾斜较大，将钢卷尺整尺拉平困难时，可将一尺段分成几段来平量。

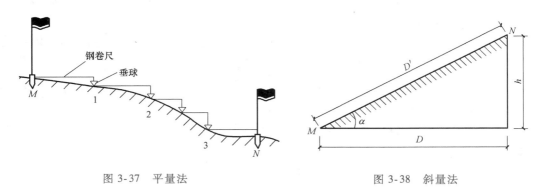

图 3-37　平量法　　　　　　　　　　图 3-38　斜量法

② 斜量法。当倾斜地面的坡度比较均匀时，如图 3-38 所示，可沿斜面直接丈量出 MN 的倾斜距离 D'，测出地面倾斜角 α 或 MN 两点间的高差 h，按下式计算 MN 的水平距离 D：

$$D = \sqrt{D'^2 - h^2}$$

$$D = D'\cos\alpha$$

（3）钢卷尺精密量距

1）尺长改正。由于钢卷尺的名义长度和实际长度不一致，丈量时就会产生误差。设钢卷尺在标准温度、标准拉力下的实际长度为 l，名义长度为 l_0，则一整尺的尺长改正数为：

$$\Delta l = l - l_0$$

每量 1m 的尺长改正数为
$$\Delta l * = \frac{l - l_0}{l_0}$$

丈量 D' 距离的尺长改正数为
$$\Delta l_1 = \frac{l - l_0}{l_0} D'$$

钢卷尺的实长大于名义长度时，尺长改正数为正，反之为负。

2）温度改正。钢卷尺量距时的温度和标准温度不同而引起的尺长变化进行的距离改正称温度改正。

一般钢卷尺的线膨胀系数采用 $\alpha = 1.2 \times 10^{-5}$ 或者写成 $\alpha = 0.000012 /$（m·℃），表示钢卷尺温度变化为 1℃时，每 1m 钢卷尺将伸长 0.000012m，所以尺段长 L_i 的温度改正数为：
$$\Delta L_i = \alpha (t - t_0) L_i$$

3）倾斜改正。设量得的倾斜距离为 D'，两点间测得高差为 h，将 D' 改算成水平距离 D 需要倾斜改正 Δl_h，一般用下式计算：
$$\Delta l_h = \frac{-h^2}{2D'}$$

倾斜改正数 Δl_h 永远为负值。

4）计算全长。将改正后的各段长度加起来即得 MN 段的往测长度，同样还需返测 MN 段长并计算相对误差，以衡量丈量精度。

3. 视距测量方法

（1）量仪高（i）。在测站上安置经纬仪，对中、整平，用皮尺量取仪器横轴至地面点的铅垂距离，取至厘米。

（2）求视距间隔（L）。对准 B 点竖立的标尺，读取上、中、下三丝在标尺的读数，读至毫米。上、下丝相减求出视距间隔 L 值。中丝读数 v 用以计算高差。

（3）计算视线倾斜角 α。转动竖盘水准管微动螺旋，使竖盘水准管气泡居中，读取竖盘读数，并计算 α。

（4）计算水平距离（D）和高差（h）。最后根据 i、L、v、α 以及相关公式计算 AB 两点间的水平距离 D 和高差 h。
$$D = KL\cos^2\alpha$$
$$h = \frac{1}{2}KL\sin 2\alpha + i - v$$

3.4 建筑物的定位与放线

1. 定位测量前的准备工作

（1）熟悉图纸资料（图 3-39）

1）熟悉设计图。包括熟悉首层建筑平面图、基础平面图、有关大样图、建筑总平面图及与定位测量有关的技术资料等，从而了解建筑物的平面布置情况，有几道轴线，建筑物长、宽、结构特点。核对各部位尺寸，了解建筑物的建筑坐标，设计高程，在总平面图上的位置。

2）熟悉施工总平面图。熟悉大型临时设施的平面布置情况，长、宽尺寸。了解临时设施的建筑坐标、设计高程、在总平面图上的位置、与永久性建筑物的位置关系。

3）熟悉测量放线方案（图3-40）。了解定位测量前的准备工作计划，施工现场控制测量情况，定位测量选定的方法及中心桩放样数据、放样图，中心桩放样后的检查方法及精度要求。

图3-39 熟悉图纸资料

图3-40 熟悉测量放线方案

（2）配备施测人员。测量工作需要仪器观测人员，前、后尺手，记录人员，辅助人员等。

（3）配备仪器、工具。经纬仪1台，三脚架1个，钢卷尺1把，标杆2根，木桩若干（图3-41），锤子1把（图3-42），小钉若干（图3-43），记录簿，铅笔（图3-44），小刀（图3-45）。

（4）检校仪器。检校经纬仪，保证仪器的精度。

图3-41 木桩

图3-42 锤子

图 3-43　小钉

图 3-44　铅笔

2. 选择建筑物定位条件的基本原则

建筑物定位的条件，应当是能唯一确定建筑物位置的几何条件。最常用的定位条件是确定建筑物的一个点的点位与一个边的方向。

（1）当以城市测量控制点或场区控制网定位时，应选择精度较高的点位和方向为依据。

（2）当以建筑红线定位时，应选择沿主要街道的建筑红线为依据，并以较长的已知边测设较短边。

（3）当以原有建（构）筑物或道路中心线定位时，应选择外廓（或中心线）规整的永久性建（构）筑物为依据，并以较大的建（构）筑物或较长的道路中心线，测设较小的建（构）筑物（图3-46）。

图 3-45　小刀

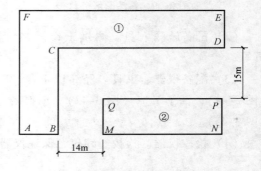

图 3-46　建筑物定位
①为原有建筑，②为拟建建筑

总之，选择定位条件的基本原则可以概括为：以精定粗，以长定短，以大定小。

3. 建筑物定位放线的基本步骤

根据场地平面控制网，或设计给定的作为建筑物定位依据的建（构）筑物，进行建筑物的定位放线，是确定建筑物平面位置和开挖基础的关键环节，施测中必须保证精度、杜绝错误，否则后果难以处理。在场地条件允许的情况下，对一栋建筑物进行定位放线时，应按如下步骤进行：

（1）校核定位依据桩是否有误或碰动。

（2）根据定位依据桩测设建筑物四廓各大角外（距基槽边1~5m）的控制桩，如图3-47

中的 M'、N'、Q'、P'。

（3）在建筑物矩形控制网的四边上，测设建筑物各大角的轴线与各细部轴线的控制桩（也叫引桩或保险桩）。

（4）以各轴线的控制桩测设建筑物四大角，如图 3-47 中的 M、N、Q、P 和各轴线交点。

（5）按基础图及施工方案测设基础开挖线。

（6）经自检互检合格后，填写"工程定位测量记录"，提请有关部门及单位验线。沿建筑红线兴建的建筑物定位后，还要由城市规划部门验线合格后，方可破土开工，以防新建建筑物压、超建筑红线。

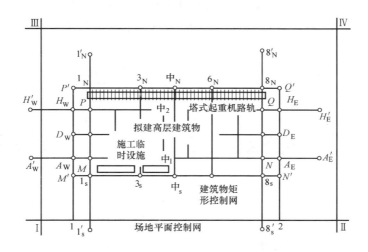

图 3-47　建筑物定位

4. 建筑物定位的基本测法

（1）根据原有建（构）筑物定位。在建筑群内进行新建或扩建时，设计图上往往给出拟建建筑物与原有建筑物或道路中心线的位置关系。此时，其轴线可以根据给定的关系测设。

如图 3-48 所示，$ABCD$ 为原有建筑物，$MNQP$ 为新建高层建筑，$M'N'Q'P'$ 为该建筑的矩形控制网。根据原有建（构）筑物定位，常用的方法有三种即延长线法，如图 3-48a、b 所示；平行线法如图 3-48c、d 所示；直角坐标法，如图 3-48e、f。由于定位条件的不同，各种方法又可分成两类情况：一类情况是图 3-48a 类，仅以一栋原有建筑物的位置和方向为准，用图 3-48a 所示的 y、x 值确定新建建筑物位置；另一类情况则是以一栋原有建筑物的位置和方向为主，再加另外的定位条件，如图 3-48b 中 G 为现场中的一个固定点，G 至新建建筑物的距离 y、x 是定位的另一个条件。

1）延长线法。如图 3-48a、b 所示，先根据 AB 边，定出其平行线 $A'B'$；安置经纬仪在 B'，后视 A'，用正倒镜法延长 $A'B'$ 直线至 M'，若为图 3-48a 的情况，则再延长至 N'，移经纬仪在 M' 和 N' 上，定出 P' 和 Q'，最后校测各对边长和对角线长；若为图 3-48b 的情况，则

应先测出 G 点至肋边的垂距 y_G，才可能确定 M' 和 N' 位置。一般可将经纬仪安置在肋边的延长点 B'，以 A' 为后视，测出 $\angle A'B'G$，用钢卷尺量出 $B'G$ 的距离，则 $y_G = B'G \times \sin$（$\angle A'B'G - 90°$）。

2）平行线法。如图 3-48c、d 所示，先根据 CD 边，定出其平行线 $C'D'$。若为图 3-48c 的情况，新建高层建筑物的定位条件是其西侧与原有建筑物西侧同在一直线上，两建筑物南北净间距为 x，由 $C'D'$ 可直接测出 $M'N'Q'P'$ 矩形控制网；若为图 3-48d 的情况，则应先由 $C'D'$ 测出 G 点至 CD 边的垂距 x_G 和 G 点至 AC 延长线的垂距 y_G，才可以确定 M' 和 N' 位置，具体测法基本同前。

3）直角坐标法。如图 3-48e、f 所示，先根据 CD 边，定出其平行线 $C'D'$。若为图 3-48e 的情况，则可按图示定位条件，由 $C'D'$ 直接测出 $M'N'P'O'$ 矩形控制网；若为图 3-48f 的情况，则应先测出 G 点至 BD 延长线和 CD 延长线的垂距 y_G 和 x_G，然后即可确定 M' 和 N' 位置。

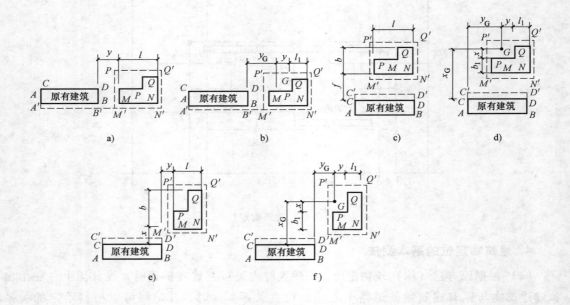

图 3-48 根据原有建筑物定位

（2）根据建筑红线或定位桩定位

1）根据线上一点定位。如图 3-49 a 所示，ABC 为建筑红线，$MNPQ$ 为拟建建筑物，定位条件为 $MN/\!/AB$、N 点正在建筑红线上。

在测设之前，先根据 $\angle ABC$ 及 MN 至 AB 的距离计算出 BN、$B'N$ 数据，然后根据现场条件，分别采用适宜的测法测设出 $MNPQ$ 点位。

2）根据线外一点定位。如图 3-49 b 所示，ABC 为建筑红线，$MNPQ$ 为拟建建筑物，O 为线外一点，定位条件为 $MN/\!/AB$、PO 距 O 点的垂距为 b、NP 距 O 点的垂距为 c，均已知。

首先，实测 $\angle ABO$ 与 BO 距离，计算出 MN 与 AB 的距离，然后根据现场条件，分别采用适宜的测法测设出 $MNPQ$ 点位。

以上无论采用哪种测法，点位测设后均应校测定位条件及自身几何条件是否符合设计要求。

（3）根据场地平面控制网定位。如图 3-50 所示，在施工场地内设有平面控制网时，可根据建筑物各点的坐标用直角坐标法测设。

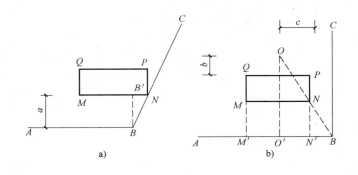

图 3-49　根据红线定位

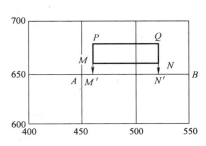

图 3-50　直角坐标法测设

5. 房屋基础工程的抄平放线

房屋放线是指根据定位的角点桩，详细测设其他各轴线交点的位置，并用木桩标定出来（称为中心桩）。据此按基础宽和放坡宽用白灰线撒出基槽边界线。

抄平是指同时测设若干同一高程的点。此处是指测设 ±0.000 及其他若干已知高程的点。

（1）设置龙门板。设置龙门板挖基槽（坑）时，定位中心桩不能保留。为了便于基础施工，一般都在开挖基槽（坑）之前，在建筑物轴线两端设置龙门板。将轴线和基础边线投测到龙门板上，作为挖槽（坑）后各阶段施工中恢复轴线的依据。

1）龙门板的组成。由龙门桩和龙门板组成，如图 3-51 所示。

2）设置龙门板的步骤及检查测量

① 钉龙门桩。支撑龙门板的木桩称为龙门桩，一般用 5cm×5cm ~ 5cm×7cm 木方制成。钉龙门桩步骤：

a. 在建筑物轴线两端，基槽边线 1.5 ~ 2m 处钉龙门桩，桩要竖直、牢固，桩侧面应与轴线平行。

b. 用水准测量的方法，在龙门桩外侧面上测设 ±0.000 标高线，其误差不得超过 ±5mm。

c. 建筑物同一侧的龙门桩应在一条直线上。

② 钉龙门板步骤及检查测量

a. 将龙门板顶面（顶面为平面），沿龙门桩上 ±0.000 标高线钉设龙门板。

b. 用水准仪校核龙门板顶面标高，其误差不容许超过 ±5mm，否则调整龙门板高度。

3）投测轴线及检查测量

① 安置经纬仪于中心桩上，将各轴线引测到龙门板顶面上，并钉小钉作标志（称为中心钉）。

② 用钢卷尺沿龙门板顶面，检测中心钉间距，以其误差不超过 1/2000 为合格。以中心钉为准，将墙基边线、基槽边线标记到龙门板顶面上。

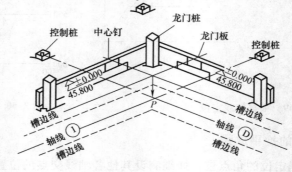

图 3-51 龙门板

（2）设置轴线控制桩。设置控制桩除与设置龙门板有相同的原因外，控制桩还有以下优点：所需木材少，占用场地少，不影响交通等。设置控制桩步骤如下：

1）安置经纬仪于某轴线中心桩上，瞄准轴线另一端的中心桩。

2）在视线方向上（轴线延长线上）离基槽边线4~5m外的安全地点，钉设两个用水泥砂浆浇筑的木桩，并把轴线投设到桩顶，用小钉标志。

（3）一般基础工程抄平放线

1）确定基槽（坑）开挖宽度（图3-52）

基槽（坑）开挖宽度为：

$$b = b_1 + 2(c + b_2)$$
$$b_2 = pH$$

式中　b——开挖宽度（m）；

　　　b_1——基础底宽（m）；

　　　c——施工工作面（m）；

　　　p——放坡系数，按施工组织设计规定计算；

　　　H——挖槽（坑）深度（m）。

施工工作面可按施工组织设计规定计算；如无规定，按下列规定计算：

① 毛石基础或砖基础每边增加工作面15cm。

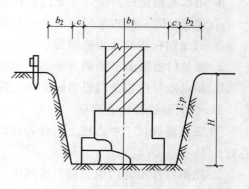

图 3-52　基槽开挖

② 混凝土基础或垫层需支模的，每边增加工作面30cm。

③ 使用卷材或防水砂浆做垂直防潮层时，增加工作面80cm。

2）基槽坑放线。根据中心桩或龙门板中心钉，按基槽（坑）宽度，确定出开挖边界，然后用白灰撒出边界线标志在地面上，作为开挖依据。

3）测设水平桩。如图3-53所示，括号内为绝对高程，图中槽下木桩为水平桩。

① 水平桩的定义。当基槽（坑）开挖至接近槽（坑）底时，在基槽（坑）壁上自拐角开始，每隔3~5m测设一个比槽（坑）底设计高程高0.3~0.5m的水平桩，作为控制深度、修平槽底、打基础垫层的依据。

② 测设水平桩步骤

a. 安置水准仪于槽边上。

b. 竖水准尺于±0.000，水准仪后视±0.000水准尺，读数为0.874，则视线距槽底高差h_1为：$h_1 = 0.874 + 1.700 = 2.574$m。

c. 水平桩距槽底高差设计为$h_2 = 0.5$m，则水平桩高程为：$H_水 = -1.700 + 0.500 = -1.200$m。

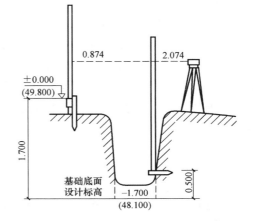

图3-53　测设水平桩

d. 指挥前视尺上、下移动。当前视读数$b = h_1 - h_2 = 2.574 - 0.500 = 2.074$m时，沿尺底向槽壁水平钉入木桩，与尺底相接面的高程为-1.200m。

4）摞底。垫层打好后，依据控制桩或龙门板将轴线位置投设到垫层上，并用墨线弹出基础墙中线，基础边线叫摞底，以作为砌筑基础的依据。

5）找平。基础施工结束后，用水准仪检查基础面是否水平，称为找平。基础找平以便于立皮数杆砌筑墙体。

（4）桩基础施工测量

1）桩基础定位测量

① 桩基础定位步骤

a. 认真熟悉图纸。详细核对各桩布置情况：是单排桩还是双排桩，或是梅花桩，每行桩与轴线的关系、是否偏中，桩距是多少、桩的个数，承台标高、桩顶标高等。

b. 格网状桩基定位。根据桩基格网的4个角点与控制桩控制的主轴线的关系，精确地测设出4个角点，然后根据4个角点进行桩位加密。

c. 承台和基础梁下的桩基定位。承台下是群桩，群桩排列形式很多，基础梁下有的是单排桩，有的是双排桩。测设时一般是按照"先整体，后局部"和"先外廓，后内部"的顺序进行，即首先按行、按排找出桩基轴线与主轴线关系，测设出这些桩基轴线及轴线上桩基。不在轴线上的桩基根据其与轴线的关系用直角坐标法测设。

d. 测设出的桩位均用小木桩标志，但角点及桩轴线两端的桩，应在木桩顶面上用中心钉标出位置，以供放线和校核。

② 桩基定位精度要求

a. 根据主轴线测设桩基轴线位置，其容许偏差为 20mm，单排桩则为 10mm。

b. 沿桩轴线测设桩位，纵向偏差不得大于 30mm，横向偏差不得大于 20mm。

c. 测设群桩

（a）群桩外周边上的桩，测设偏差不得大于桩径或桩边长（方形桩）的 1/10。

（b）群桩中间部位的桩，测设偏差不得大于桩径或桩边长的 1/5。

③ 初步定位后桩位的检测。所有的桩位测设完毕后，根据测设数据重新在木桩顶上测设出桩的设计位置，如在上述限差范围内为合格，否则进行调整至合格。

2）桩基放线。根据桩基定位桩，测设出圆形桩的中心线控制桩或矩形桩的轴线控制桩。然后，根据圆形桩半径，矩形桩边长用白灰撒出桩基边线。

3）桩基抄平。桩基成孔后，浇筑混凝土前在每个桩附近重新抄测标高桩，以便正确掌握桩顶标高和钢筋外露长度。

 本章小结及综述

通过本章学习，读者应侧重掌握测量放线的基本方法，总的来说，可以概括为以下四点：

1. 测量工作的基本观测量是水准测量、角度测量、距离测量。作为一名测量人员，应掌握距离、高差、方向、角度、坐标、基线等测量方法的原理及观测成果计算方法，掌握导线测量的三种形式，外业测量（选点、建立标志、角度测量、边长测量、连接测量）和内业计算方法。

2. 要获得高精度的观测结果，首先是选择质量高的仪器；其次是定期检定仪器，获得相应的技术参数，以便于人为改正；第三是选择有利的外界环境进行观测，降低外界因素的影响。

3. 导线测量就是测量导线边长和转折角，然后根据已知数据和观测值计算各导线点的平面坐标。用经纬仪测角、钢卷尺量边的导线称为经纬仪导线，用光电测距仪测边的导线称为光电测距导线，导线测量是进行平面控制测量的主要方法。

4. 在进行平面控制测量时，若导线点的密度不能满足测图和工程要求时，要进行控制点加密，控制点的加密可以用交会定点法完成。

第 **4** 章

地形测量

 本章重点难点提示

1. 熟悉地形图比例尺的种类及精度要求。
2. 掌握常用的地物符号。
3. 掌握等高线的绘制方法。
4. 掌握碎部测量及白纸测绘的方法。
5. 掌握地形图测绘的具体应用方法。

4.1 地形图的基本知识

1. 地形图比例尺

地形图比例尺是指图上长度与实际长度之比。**例如实际测出的水平距离为 1000m，画到图上的长度为 1m，那么此图纸的比例尺即为 1∶1000（图 4-1）。**

（1）比例尺的种类

1）数字比例尺。**数字比例尺是用分子为 1，分母为整数的分数表示。设图上一线段长度为 d，相应实地的水平距离为 D，则该地形图的比例尺为**

$$\frac{d}{D} = \frac{1}{\dfrac{D}{d}} = \frac{1}{M}$$

其中，M 为比例尺分母。

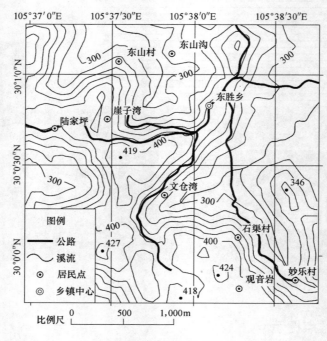

图 4-1　地形图比例尺

数字比例尺的大小是以比例尺的比值来衡量的。比例尺分母 M 越小比例尺越大，比例尺越大，表示地物地貌越详尽。数字比例尺通常标注在地形图下方。

2）图示比例尺。常见的图示比例尺为直线比例尺。图 4-2 所示为 1∶500 的直线比例尺，由间距为 2mm 的两条平行直线构成，以 2cm 为单位分成若干大格，左边第一大格十等分，大小格界分界处注以 0，右边其他大格分界处标记为按绘图比例尺换算的实际长度。

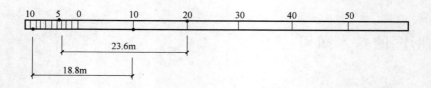

图 4-2　图示比例尺

图示比例尺绘制在地形图的正下方，可以减少图纸伸缩对用图的影响。

地形图按比例尺的分类如下：

小比例尺地形图。1∶20 万、1∶50 万、1∶100 万比例尺的地形图称为小比例尺地形图。

中比例尺地形图。1∶2.5 万、1∶5 万、1∶10 万比例尺的地形图称为中比例尺地形图。

大比例尺地形图。1∶500、1∶1000、1∶2000、1∶5000、1∶10000 比例尺的地形图称为大比例尺地形图。

（2）比例尺的精度。人们用肉眼分辨图上的最小距离通常为 0.1mm，一般在图上量度或者测图描绘时，就只能达到图上 0.1mm 的正确性。因此，地形图上 0.1mm 所代表的实地水平距离称为比例尺精度，一般用 ε 表示，即

$$\varepsilon = 0.1\text{mm} \times M$$

可以看出，比例尺大小不同，比例尺精度数值也不同。

根据比例尺的精度，可以确定测绘地形图测量距离的精度，比例尺的精度对测绘和用图有重要的意义。

2. 地物符号

地形图上表示地物类别、形状、大小及位置的符号称为地物符号，表 4-1 列举了一些地物符号，这些符号摘自国家测绘局颁发的地形图图式。表中各符号旁的数字表示该符号的尺寸，以 mm 为单位。

表 4-1　地形图图示（1：500，1：1000）

说明	地物符号	说明	地物符号
三角点 横山——点名 95.93——高程		棚栏　栏杆	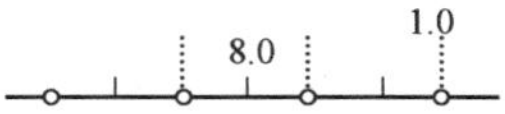
导线点 25——点名 62.74——高程	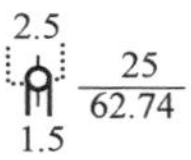	篱笆	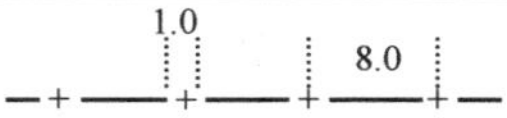
水准点 京石5——点名 32.804——高程	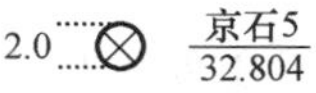	钢丝网	
永久性房屋 （四层）	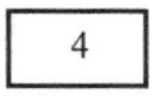	铁路	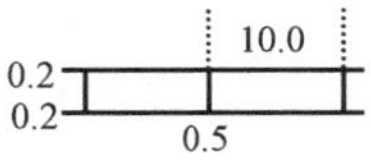
普通房屋	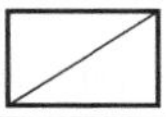	公路	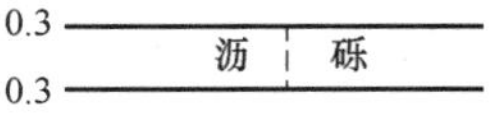
厕所		简易公路	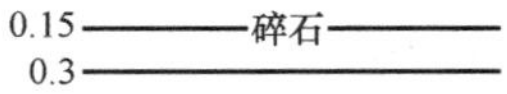
水塔	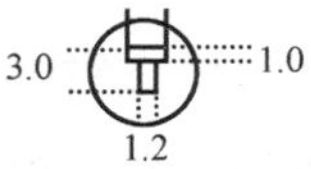	大车路	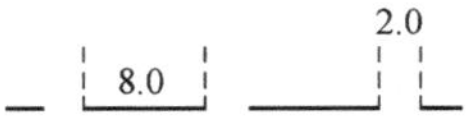
烟囱	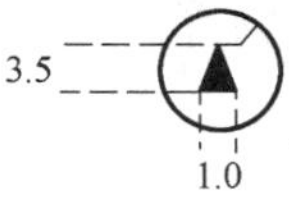	小路	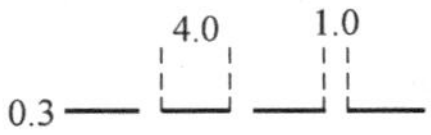
电力线高压		阶梯路	
电力线低压	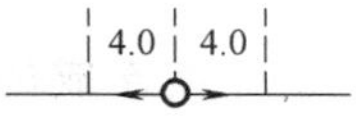	河流、湖泊、 水库、水涯线及流向	
围墙、砖石 及混凝土墙	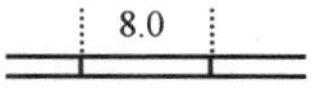	水渠	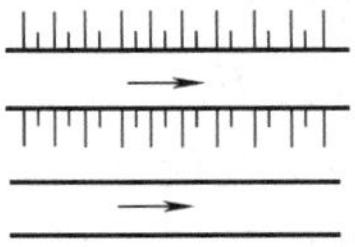
土墙	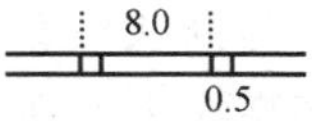		

（续）

说明	地物符号	说明	地物符号
车行桥		草地	
人行桥		耕田水稻田	
地类界		菜地	
旱地		等高线	
大面积的竹林			

（1）比例符号。把地面上轮廓尺寸较大的地物，依形状和大小按测图比例尺缩绘到图上，称为比例符号，如房屋、湖泊、森林等。

（2）非比例符号。当地物轮廓尺寸太小，无法用比例符号表示，但这些地物又很重要，必须在图上表示出来。如三角点、水准点、里程碑、水井、消火栓等，这些地物均用规定的符号来表示，这类符号称为非比例符号。

（3）线性符号。对于一些带状延伸的地物，其长度可以按测图比例尺缩绘，而横向宽度却无法按比例尺缩绘，这些长度按比例、宽度不按比例的符号，称为线性符号，如道路、小河、管道等。

（4）地物注记。有些地物除了用一定的符号表示外，还需要用文字、数字或特定的符号对这些地物加以说明或补充，这种表达地物的方法称为地物标记，如河流、湖泊、铁路的名称，用特定符号表示的草地、耕地、林地等地面植物等。

3. 地貌的表示方法

（1）地貌的概念。地貌是指表面的高低起伏状态，如山地、丘陵和平原。大比例尺地形中常用等高线表示地貌，用等高线表示地貌不仅能表示出地面的高低起伏状态，还可根据它来求得地面的坡度和高程等。

（2）等高线。等高线是指地面上高程相同的相邻各点连成的闭合曲线。例如雨后地面上静止的积水，积水面与地面的交线就是一条等高线。如图 4-3 所示，设想一个小山被若干个高程为 H_1、H_2 和 H_3 的静止水面所截，并且相邻水面之间的高差相同，每个水面与小山表面的交线就是与该水面高程相同的等高线。将这些等高线沿铅垂方向投影到水平面 H 上，并用规定的比例尺缩绘在图纸上，这就是将小山用等高线表示在地形图上了。

（3）等高距和等高线平距。等高距是指相邻等高线之间的高差，也叫做等高线间隔，用 h 表示，如图 4-3 所示，相邻等高线之间的水平距离称为等高线平距，用 d 表示。h 与 d 的比值就是地面坡度 i。

$$i = \frac{h}{dM}$$

其中，M 为比例尺分母。

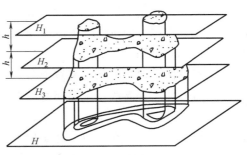

图 4-3　等高线

由于在同一幅地形图上等高距 h 是相同的，因此，地面坡度 i 与等高线平距 d 成反比。如图 4-4 所示，地面坡度较缓的 AB 段，其等高线平距较大，等高线显得稀疏；地面坡度较陡的 CD 段，其等高线平距较小，等高线十分密集。所以，可以根据等高线的疏密判断地面坡度的缓与陡。即在同一幅地形图上，等高线平距 d 越大，坡度 i 越小；等高线平距 d 越小，坡度 i 越大，如果等高线平距相等，那么坡度均匀。

如果等高距选择得较小，会使图上的等高线过密，如果等高距选择过大，则不能正确反映地面的高低起伏状况。

（4）等高线的类型。等高线的类型有首曲线、计曲线、间曲线及助曲线四种，如图 4-5 所示。

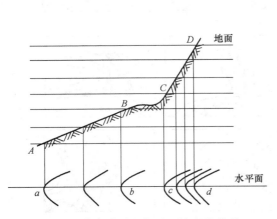

图 4-4　等高线平距与地面坡度的关系

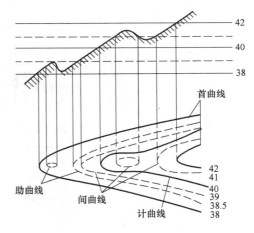

图 4-5　等高线的类型

1）首曲线。是指在同一幅地形图上，按规定的基本等高距描绘的等高线，又称基本等高线。首曲线要用 0.15mm 的细实线描绘，如图 4-5 中高程为 38m、42m 的等高线。

2）计曲线。是指凡高程能被 5 倍基本等高距整除的等高线，又称加粗等高线。计曲线要用 0.3mm 的粗实线绘出，如图 4-5 中的高程为 40m 的等高线。

3）间曲线。是指为了显示首曲线不能表示的局部地貌，按二分之一基本等高距描绘的等高线，又称半距等高线。间曲线用 0.15mm 的细长虚线表示。如图 4-5 中高程为 39m、41m 的等高线。

4）助曲线。用间曲线还不能表示出的局部地貌，可用按四分之一基本等高距描绘的等高线表示，称为助曲线。助曲线用 0.15mm 的细短虚线表示。如图 4-5 中高程为 38.5m 的等高线。

（5）等高线的特性

1）等高性。即同一条等高线上各点的高程相同。

2）闭合性。等高线一定是闭合的曲线，即使不在本图幅内闭合，那么必在相邻的图幅内闭合。

3）非交性。除了在悬崖、陡崖地处外，不同高程的等高线不能相交。

4）正交性。山脊、山谷的等高线与山脊线、山谷线要正交。

5）密陡稀缓性。等高线平距 d 与地面坡度 i 成反比。

（6）常见几种等高线

1）建设工程常见几种等高线如图 4-6 所示。

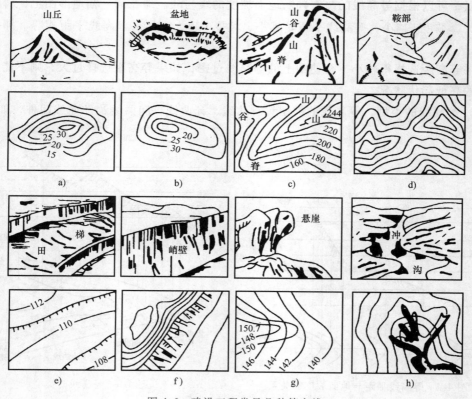

图 4-6 建设工程常见几种等高线

a）山丘 b）盆地 c）山谷山脊 d）鞍部

e）梯田 f）峭壁 g）悬崖 h）冲沟

2）综合等高线如图 4-7 所示。

4. 地形图图外注标

地形图图外注标包括图名、图号、测量单位名称、测图日期和成图方法、坐标系统和高程系统及一些辅助图表等。

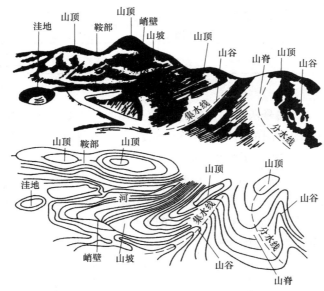

图 4-7　综合等高线

（1）图名。图名即本图幅的名称，通常以本图幅内主要地面的地名单位为行政全称命名，注记在图廓外上方中央，如图 4-8 所示，如果地形图代表的实地面积小，也可不注图名，仅注图号。

（2）图号。图号是指该图幅相应分幅方法的编号，通常注于图幅正方，图名下方。

1）地形图的分幅。大比例尺地形图通常采用正方形分幅法或矩形分幅法，即是按统一的直角坐标的纵、横坐标格网线分的。而中、小比例尺地形图则按纬度来划分，左、右以经线为界，上、下以纬线为界，其图幅的形状近似梯形，所以称为梯形分幅法。各种大比例尺地形图的图幅大小及图廓坐标值见表 4-2。

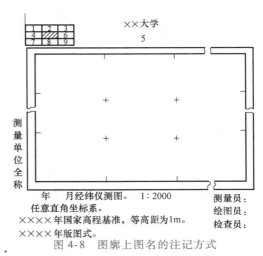

图 4-8　图廓上图名的注记方式

表 4-2　正方形、矩形分幅图的图廓与图幅大小

比例尺	图幅尺寸 /（cm×cm）	实地面积 /km²	一幅 1:5000 地形图所含图幅数	1km² 测区的图幅数	图廓坐标值
1:5000	40×40	4	1	0.25	1000 的整数倍
1:2000	50×50	1	4	1	1000 的整数倍
	40×50	0.8	5	1.25	纵坐标为 800 的整数倍；横坐标为 1000 的整数倍
1:1000	50×50	0.25	16	4	纵坐标为 500 的整数倍；横坐标为 500 的整数倍
	40×50	0.20	20	5	纵坐标为 400 的整数倍
1:500	50×50	0.0625	64	16	50 的整数倍

（续）

比例尺	图幅尺寸 /（cm×cm）	实地面积 /km²	一幅 1∶5000 地形 图所含图幅数	1km² 测区 的图幅数	图廓坐标值
1∶200	40×50	0.05	80	20	纵坐标为 20 的整数倍；横坐标为 50 的整数倍

2）地形图的编号方法

① 坐标编号法。坐标编号法采用图幅西南角坐标的千米数作为本幅图纸的编号，记成"$x—y$"形式。1∶5000 地形图的图号取至整千米数；1∶2000 和 1∶1000 地形图的图号取至 0.1km；1∶500 地形图的图号取至 0.01km。

② 流水编号法。对于测区范围较小或带状测区，可依据具体情况，按照从上到下、从左到右的顺序进行数字流水编号，也可用行列编号法或其他方法，如图 4-9 所示。

对于面积较大的测区，常常绘有几种不同的大比例尺地形图，各种比例尺地形图的分幅与编号通常是以 1∶5000 的地形图为基础，按正方形分幅法进行。

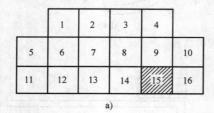
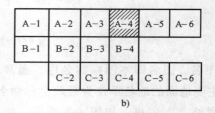

a)   b)

图 4-9　地形图的流水编号法与行列编号法

（3）接图表。接图表表明该幅图与相邻图纸的位置关系，以方便查索相邻图纸。并将接图表绘制在图幅的左上方，如图 4-8 所示。

（4）图廓和注记。图廓是指一幅图四周的界线，正方形图幅有内图廓和外图廓之分，外图廓用粗实线绘制，内图廓是图幅的边界，且每隔 10cm 绘有坐标格网线，内外图廓相距 12mm，应在内、外图廓线之间的四个角注记以千米为单位的格网坐标值。

4.2　地形图的测绘

1. 碎部测量

（1）碎部点的选择。碎部点需要选择地物和地貌特征点，即地物和地貌的方向转折点和坡度变化点。碎部点选择是否得当，会直接影响成图的精度和速度。如果选择正确，就可以逼真地反映地形现状，保证工程要求的精度；如果选择不当或漏选碎部点，将导致地形图失真走样，影响工程设计或施工用图。

1）地物特征点的选择

① 地物特征点通常是选择地物轮廓线上的转折点、交叉点，河流和道路的拐弯点，独立地物的中心点等。

② 连接这些特征点，便得到与实地相似的地物形状和位置。测绘地物必须根据规定的测图比例尺，按测量规范和地形图图式的要求，经过综合取舍，将各种地物恰当地表示在图上。

2）地貌特征点的选择 最能反映地貌特征的是地性线（又称地貌结构线），它是地貌形态变化的棱线，如山脊线、山谷线、方向变换线等，因此地貌特征点应选在地性线上，如

图 4-10　地貌特征点及地性线

图 4-10 所示。例如，山顶的最高点，鞍部、山脊、山谷的地形变换点，山坡倾斜变换点，山脚地形变换点处需选定碎部点。

3）碎部点间距和视距的最大长度选择。碎部点间距和视距的最大长度应符合表 4-3 的规定。

表 4-3　碎部点间距和视距的最大长度

测图比例尺	地貌点间距/m	最大视距/m	
		地物点	地貌点
1：500	15	40	70
1：1000	30	80	120
1：2000	50	250	200

注：1. 以 1：500 比例尺测图时，在城市建筑区和平坦地区，地物点距离应实量，其最大长度为 50m。
　　2. 山地、高山地地物点的最大视距可按地貌点来要求。
　　3. 采用电磁波测距仪测距时，距离可适当放长。

4）地形图等高距的选择

① 等高距的选择与地面坡度有关系，当基本等高距为 0.5m 时，高程注记点的高程应标注到厘米。

② 当基本等高距大于 0.5m 时，可标注到分米。

（2）碎部点的平面位置测绘方法及原理

1）角度交会法。如图 4-11 所示，在实地已知控制点 A、B 上分别安置测角仪器，测得 AC 或 BC 方向与后视方向（$A{\rightarrow}B$ 或 $B{\rightarrow}A$）的夹角 β_A、β_B，再在图纸上借助于绘图工具由角度交会出 C 的点位 c。

2）极坐标法。如图 4-12 所示，设 A、B 为实地已知控制点，欲测碎部点为 C 点在图纸上的位置 c。

① 在 A 点安置仪器，测量 AC 方向与 AB 方向的夹角 β 和 AC 的长度 D。

② 将 D 换算为水平距离，再按测图比例尺缩小为图上距离 d，即可得极坐标法定点位的两个参数 β（极角）和 d（极半径）。

③ 在图纸上借助绘图工具以 a 为极点，ab 为极轴（后视方向），由 β、d 绘出 C 点在图纸上的位置 c。

3）距离交会法

① 如图 4-13 所示，距离交会法是在实地已知控制点 A、B 上分别安置测距仪器。

② 测得 A 至 P 和 B 至 P 的距离（D_1、D_2），并且换算为水平距离。

③ 按测图比例尺缩小为图上距离 d（d_1、d_2）。

④ 在图纸上借助于绘图工具用边长交会出 P 的点位。

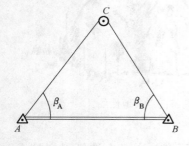

图 4-11 角度交会法

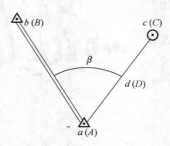

图 4-12 极坐标法

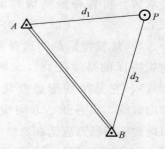

图 4-13 距离交会法

2. 白纸测绘

（1）准备工作（图 4-14）。为了保证测图的质量，测绘纸应选用质地较好的图纸。对于临时性测图，可将图纸直接固定在图板上进行测绘，对于需要长期保存的地形图，为减少图纸变形，应将图纸裱糊在锌板、铝板或胶合板上。

（2）绘制坐标格网。为了准确地将图根控制点展绘在图纸上，先要在图纸上精确地绘制 10cm×10cm 的直角坐标格网。绘制坐标格网可用坐标仪或坐标格网尺等专用仪器工具，如无上述仪器工具，则可按对角线法绘制，如图 4-15 所示。

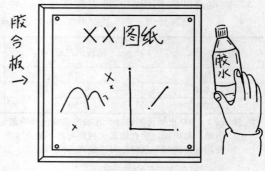

图 4-14 准备工作

（3）展绘控制点。展点前，要按本图的分幅，将格网线的坐标值注在左、下格网边线外侧的相应格网线外，如图 4-16 所示。

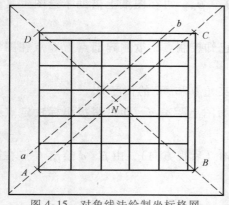

图 4-15 对角线法绘制坐标格网

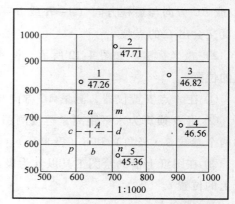

图 4-16 展绘控制点

（4）白纸测绘外业工作。碎部测量的外业工作包括依照一定的测绘方法采集数据和实地勾绘地形图等内容。碎部测量的常用方法有经纬仪测绘法、大平板仪测图法、小平板仪与经纬仪联合测图法等。

下面以经纬仪法为例介绍碎部测绘外业的实操步骤。

1）如图4-17所示，将经纬仪安置于测站点（如导线A）上，将测图板（不需置平，仅供作绘图台用）安置于测站旁。

2）用经纬仪测定碎部点方向与已知（后视）方位之间的夹角，用视距测量方法测定测站到碎部点的水平距离和高差。

3）再根据测定数据按极坐标用量角器和比例尺把碎部点的平面位置展绘于图纸上，并在点位的右侧注明高程，最后，对照实地勾绘地形图。

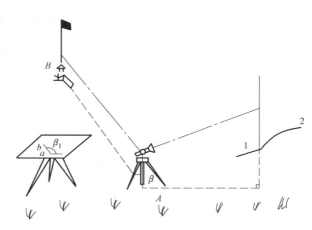

图4-17 经纬仪碎部外业测绘法

白纸测绘外业工作注意事项如下：

1）全组人员要互相配合，协调一致（图4-18）。绘图时应做到站站清、板板清、有条不紊。

2）观测员读数时要注意记录者、绘图者是否听清楚，要随时把地面情况和图面点位联系起来。观测碎部落点的精度要适当，一般竖直角读到1′，水平角读到5′即可。

3）立尺员选点要有计划，分布要均匀恰当，必要时勾绘草图，供绘图参考（图4-19）。

图4-18 全组人员要互相配合

图4-19 勾绘草图

4）记录、计算应正确、工整、清楚，重要地物应加以注明，碎部点水平距离和高程均计算到厘米。不能搞错高差的正负号。

5）绘图员应随时保持图面整洁。应在野外对照实际地形勾绘等高线（图 4-20），做到边测、边绘；还应注意随时将图上点位与实地对照检查，根据距离、水平角和高程进行核对。

6）检查定向。在一个测站上每测 20~30 个碎部点后或在结束本站工作之前均应检查后视方向（零方向）有无变动。如果有变动应及时纠正，并应检查已测碎部点是否移位。

图 4-20　对照实际地形勾绘等高线

（5）白纸测绘内业工作

1）图面整饰

① 线条、符号修整

图内一切地物、地貌的线条都应整饰清楚。若有线条模糊不清、连接不整齐，或错连、漏连以及符号画错等，都要按地形图图式规定加以整饰，但应注意不能把大片的线条擦光重绘，以免产生地物、地貌严重移位，甚至造成错误。

② 文字标记修整

名称、地物属性及各种数字注记的字体要端正清楚，字头一般朝北，位置及排列要适当，既能表示其所代表的对象或范围，又不应压盖地物、地貌的线条。一般可适当空出注记的位置。

③ 图号及其他记载修整

图幅编号常易在外业测图中被摩擦而模糊不清，要先与图廓坐标核对后再注写清楚，防止写错。其他如图名、接图表（相邻图幅的图号）、比例尺、坐标及高程系统、测图方法、图式版本、测图单位、人员和日期等也应记载清楚。

2）图边拼接

① 接图时，如果所用图纸是聚酯绘图薄膜，则可直接按图廓线将两幅图重叠拼接。

② 如果为白纸测图，则可用 3~4cm 宽的透明纸条先把左图幅如图 4-21 所示的东图廓线及靠近图廓线的地物和等高线透描下来，然后将透明纸条坐标格网线蒙到右图幅的西图廓线上，以检验相应地物及等高线的差异。

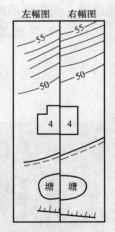

图 4-21　图边拼接

③ 每幅图的绘图员通常只透描东和南两个图边，而西和北两个图边由邻图负责透描。

④ 如果接图边上两侧同名等高线或地物之差不超过表 4-4~表 4-6 中规定的平面、高程中误差的 $2\sqrt{2}$ 倍时，可在透明纸上用红墨水画线取其平均位置，再以此平均位置为根据对相邻两图幅进行改正。

表 4-4　图上地物点点位中误差与间距中误差

地区分类	点位中误差（图上）/mm	邻近地物点间距中误差（图上）/mm
城市建筑区和平地、丘陵地	±0.5	±0.4
山地、高山地和设站施测困难的旧街坊内部	±0.75	±0.6

注：森林隐蔽等特殊困难地区，可按上表规定放宽 50%。

表 4-5　城市建筑区和平坦地区高程注记点的高程中误差

分　类	高程中误差/m	分　类	高程中误差/m
铺装地面的高程注记点	±0.07	一般高程注记点	±0.15

表 4-6　等高线插求点的高程中误差

地形类别	平地	丘陵地	山地	高山地
高程中误差（等高距）	1/3	1/2	2/3	1

注：森林隐蔽等特殊困难地区，可按上表规定放宽 50%。

3）地形图检查、验收

① 室内检查

检查坐标格网及图廓线，各级控制点的展绘，外业手簿的记录计算，控制点和碎部点的数量和位置是否符合规定，地形图内容综合取舍是否恰当，图式符号使用是否正确，等高线表示是否合理，图面是否清晰易读，接边是否符合规定等。如果发现疑问和错误，应到实地检查、修改。

② 巡视修改

按拟定的路线做实地巡视，将原图与实地对照。巡视中着重检查地物、地貌有无遗漏、等高线走势与实地地貌是否一致，综合取舍是否恰当等。

③ 仪器检查

是在上述两项检查的基础上进行的。在图幅范围内设站，一般采用散点法进行检查。除对已发现的问题进行修改和补测外，还应重点抽查原图的成图质量，将抽查的地物点、地貌点与原图上已有的相应点的平面位置和高程进行比较，算出较差，均记入专门的手簿，最后按小于或等于 $\sqrt{2}$ m、大于 $\sqrt{2}$ m 且小于 2m、大于 2m 且小于 $2\sqrt{2}$ m 三个区间分别统计其个数，算出各占总数的百分比，作为评定图幅数学精度的主要依据。

其中，大于 $2\sqrt{2}$ m 的较差算作粗差，其个数不得超过总数的 2%，否则认为不合格。若各项符合要求，即可予以验收，交有关单位使用或存档。

4）清绘。铅笔原图经检查合格后，应进一步根据地形图图式规定进行着墨清绘和整饰，使图面更加清晰、合理、美观。顺序是先图内后图外，先注记后符号，先地物后地貌。

3. 数字化地形图测绘

（1）数字化测绘原理。数字化测绘是通过采集地形点数据并传输给计算机，通过计算机对采集的地形信息进行识别、检索、连接和调用图式符号，并编辑生成数字地形图，再发出指令由绘图仪自动绘出地形图。

在数字化地形测量中，为了使计算机能自动识别，对地形点的属性通常采用编码方法来表示。只要知道地形点的属性编码以及连接信息，计算机就能利用绘图系统软件从图式符号库中调出与该编码相对应的图式符号，连接并生成数字地形图。

（2）数字化测绘的方法

1）野外数字化测绘。野外数字化测绘是利用全站仪或 GPS 接收机（RTK）在野外直接采集有关地形信息，并将野外采集的数据传输到电子手簿、磁卡或便携机内记录，在现场绘制地形图或在室内传输到计算机中，经过测图软件进行数据处理形成绘图数据文件，最后由数控绘图仪输出地形图，其基本系统构成如图 4-22 所示。野外数字化成图是精度很高的数字化测绘方法，应用较广泛。

图 4-22　野外数字测图系统

2）影像数字化测绘。影像数字化测绘是利用摄影测量与遥感的方法获得测区的影像并构成立体像对，在解析测图仪上采集地形点并自动传输到计算机中，或直接用数字摄影测量方法进行数据采集，经过软件进行数据处理，自动生成地形图，并由数控绘图仪输出地形图，其基本系统构成如图 4-23 所示。

图 4-23　影像数字测图系统

（3）数字化测绘外业数据采集。全站仪数字化测绘外业数据采集的步骤为：

1）在测点上安置全站仪并输入测站点坐标（X、Y、H）及仪器高。

2）照准定向点并使定向角为测站点至定向点的方向角。

3）将棱镜高由人工输入全站仪，输入一次以后，其余测点的棱镜高则由程序默认（即自动填入原值），如果棱镜高改变时，需重新输入。

4）逐点观测，只需输入第一个测点的测量顺序号，其后测一个点，点号自动累加 1，一个测区内点号是唯一的，不能重复。

5）输入地形点编码，将有关数据和信息记录在全站仪的存储设备或电子手簿上（在数字测记模式下）。在电子平板测绘模式下，则由便携机实现测量数据和信息的记录。

（4）数字化测绘内业作图

1）数据处理

数据处理是数字测图的中心环节，是通过相应的计算机软件来完成的，主要包括地图符号库、地物要素绘制、等高线绘制、文字注记、图形编辑、图形裁剪、图形接边和地形图整饰等功能。

① 将野外实测数据输入计算机，成图系统首先将三维坐标和编码进行初处理，形成控制点数据、地物数据、地貌数据。

② 分别对这些数据分类处理，形成图形数据文件，包括带有点号和编码的所有点的坐标文件和含有所有点的连接信息文件。

2）编辑和输出地形图

① 编辑。根据输入的比例尺、图廓坐标、已生成的坐标文件和连接信息文件，按编码分类，分层进入地物（如房屋、道路、水系、植被等）和地貌等各层进行绘图处理，生成绘图命令，在屏幕上显示所绘图形，再根据实际地形地貌情况对屏幕图形进行必要的编辑、修改，生成修改后的图形文件。

② 输出。数字化地形图输出形式可采用绘图机绘制地形图、显示器显示地形图、磁盘存储图形数据、打印机输出图形等，将实地采集的地物地貌特征点的坐标和高程经过计算机处理，自动生成不规则的三角网（TIN），建立起数字地面模型（DEM）。该模型的核心目的是用内插法求得任意已知坐标点的高程。用此方法可以内插绘制等高线和断面图，为水利、道路、管线等工程设计服务，还能根据需要随时取出数据，绘制任何比例尺的地形原图。

4.3 地形图测绘应用

1. 确定点的平面直角坐标

如图 4-24 所示，确定图上 A 点的坐标。

（1）首先要根据 A 点在图上的位置，确定 A 点所在的坐标方格 a、b、c、d，过 A 点做平行于 x 轴和 y 轴的两条直线 fg、qp 与坐标方格相交于 p、q、f、g 四点。

（2）再按地形图比例尺量出 $af = 60.7\text{m}$，$ap = 48.6\text{m}$，则 A 点的坐标为

$$x_A = x_a + af = 2100\text{m} + 60.7\text{m} = 2160.7\text{m}$$
$$y_A = y_a + ap = 1100\text{m} + 48.6\text{m} = 1148.6\text{m}$$

如果精度要求较高，还应考虑图纸伸缩的影响，应量出 ab 和 ad 的长度。设图上坐标方格边长的理论值为 l（$l = 100\text{mm}$），则 A 点的坐标可按下式计算

$$x_A = x_a + \frac{1}{ab} af$$

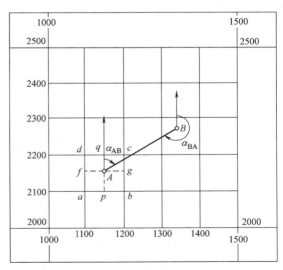

图 4-24　坐标与方位角换算

$$y_A = y_a + \frac{1}{ad} ap$$

2. 确定两点间的水平距离

（1）**图解法**。用两脚规在图上直接卡出 A、B 两点的长度，再与地形图上的直线比例尺比较，便可得出 AB 的水平距离，如果要求精度不高，可用比例尺直接在图上量取。

（2）**解析法**。如图 4-24 所示，欲求 AB 的距离，可按下式先求出图上 A、B 两点坐标（x_A，y_A）和（x_B，y_B），然后按下式计算 AB 的水平距离：

$$D_{AB} = \sqrt{(x_B - x_A)^2 + (y_B - y_A)^2}$$

3. 确定直线的坐标方位角

（1）**图解法**。如果精度要求不高时，可由量角器在图上直接量取其坐标方位角。

如图 4-24 所示，通过 A、B 两点分别做坐标纵轴的平行线，然后用量角器的中心分别对准 A、B 两点量出直线 AB 的坐标方位角 α_{AB} 和直线 BA 的坐标方位角 α_{BA}，则直线 AB 的坐标方位角为

$$\alpha_{AB} = \frac{1}{2}(\alpha_{AB} + \alpha_{BA} \pm 180°)$$

（2）**解析法**。如图 4-24 所示，如果 A、B 两点的坐标求出，则可以按坐标反算公式计算 AB 直线的坐标方位角

$$\alpha_{AB} = \arctan \frac{y_B - y_A}{x_B - x_A} = \arctan \frac{\Delta y_{AB}}{\Delta x_{AB}}$$

4. 确定某点高程

如图 4-25 所示，点 A 正好在等高线上，其高程与所在的等高线高程相同，即 $H_A = 102.0\text{m}$。如果所求点不在等高线上，如图中的 B 点，而位于 106m 和 108m 两条等高线之间，则可过 B 点做一条大致垂直于相邻等高线的线段 cd，量取 cd 的长度，再量取 cB 的长度，若分别为 9.0mm 和 2.8mm，已知等高距 $h = 2\text{m}$，则 B 点的高程 H_B 可按比例内插求得

$$H_B = H_m + \frac{cB}{cd}h = 106 + \frac{2.8}{9.0} \times 2 = 106.6\text{m}$$

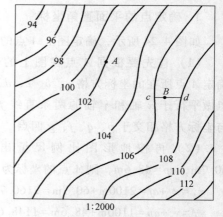

1:2000

图 4-25　图上确定点的高程

在图上求某点的高程时，通常可以根据相邻两等高线的高程目估确定。

5. 确定图上两点连线的坡度

如果地面两点间的水平距离为 D，高差为 h，而高差与水平距离之比称为地面坡度，通常以 i 表示，则 i 可用下式计算

$$i = \frac{h}{D} = \frac{h}{dM}$$

式中　　d——两点在图上的长度（m）；

　　　　M——地形图比例尺分母。

坡度 i 常以百分率或千分率表示。

如果两点间的距离较长，中间通过疏密不等的等高线，则上式所求地面坡度为两点间的平均坡度。

6. 在图上量算面积的常用方法

（1）几何图形法。如图 4-26 所示，图形的外形是规整的多边形，则可将图形划分为若干种简单的几何图形，如三角形、矩形、梯形等。然后用比例尺量取计算时所需的元素（长、宽、高），应用面积计算公式求出各个简单几何图形的面积，再汇总出多边形的面积。

当图形外形为曲线构成时，可近似地用直线连接成多边形，再将多边形划分为若干种简单的几何图形来进行面积计算。

用几何图形法量算线状地物面积时，可将线状地物看作长方形，用分规量出其总长度，乘以实量宽度，即可得线状地物面积。

（2）平行线法。如图 4-27 所示，在图上量算面积时，将绘有等间距平行线（1mm 或 2mm）的透明纸覆盖在图形上，并使两条平行线与图形的上下边缘相切，则相邻两平行线截割的图形面积可近似为梯形，梯形的高为平行线间距 d。

图 4-27 中的平行虚线是梯形的中线，量出各中线的长度，就可以按下面的公式计算图形的总面积

$$S = l_1 d + l_2 d + \cdots + l_n d = d \sum l$$

再根据图的比例尺换算为实地面积。如果图的比例尺为 $1:M$，则该区域的实地面积为

$$S = d \sum l \times M^2$$

如果图的纵方向比例尺为 $1:M_1$，横方向的比例尺为 $1:M_2$，则该区域的实地面积为

$$S = d \sum l \times M_1 M_2$$

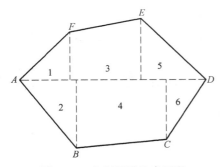

图 4-26 几何图形法求面积

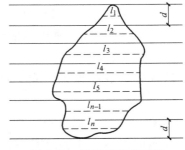

图 4-27 平行线法求面积

（3）坐标法。如图 4-28 所示，A、B、C、D 为多边形的顶点，它们的坐标值组成了多个梯形。

多边形 $ABCD$ 的面积 S 即为这些梯形面积的代数和。图 4-28 中，四边形面积为梯形 $Ay_A y_B B$ 的面积 S_1 加上梯形 $By_B y_C C$ 的面积 S_2，再减去梯形 $Ay_A y_D D$ 的面积 S_3 和梯形 $Dy_D y_C C$ 的面积 S_4。

$$S_1 = \frac{1}{2} (x_A + x_B)(y_B - y_A)$$

$$S_2 = \frac{1}{2}(x_B + x_C)(y_C - y_B)$$

$$S_3 = \frac{1}{2}(x_A + x_D)(y_D - y_A)$$

$$S_4 = \frac{1}{2}(x_C + x_D)(y_C - y_D)$$

$$S = S_1 + S_2 - S_3 - S_4$$

$$= \frac{1}{2}[x_A(y_B - y_D) + x_B(y_C - y_A) + x_C(y_D - y_B) + x_D(y_A - y_C)]$$

（4）透明方格纸法。如图 4-29 所示，计算曲线内的面积。

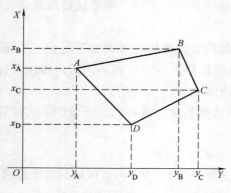

图 4-28　坐标计算法求面积

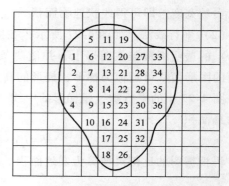

图 4-29　透明方格纸法求面积

先将透明方格纸覆盖在图形上（方格边长通常为 1mm、2mm、5mm，或单位为 cm），先数出图内完整的方格数，再将不完整的方格用目估法折合成整方格数，两者相加乘以每格代表的面积值，就是所要量算图形的面积。

此方法简便，且能保证一定的精度，应用广泛。

（5）求积仪法。求积仪是一种专门用来量算地形图面积的仪器，外形如图 4-30 所示，测算方法如下。

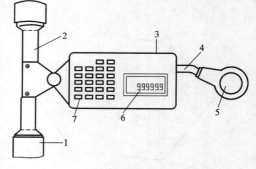

图 4-30　KP-90N 电子求积仪

1—动极　2—动极轴　3—交流转换插座　4—跟踪臂
5—跟踪放大镜　6—显示器微型计算机　7—功能键

1）先将图纸水平固定在图板上，把跟踪放大镜放在图形中央，且使动极轴与跟踪臂成 90°。

2）开机，然后用"UNIT-1"和"UNIT-2"两功能键选择好单位，用"SCALE"键输入图的比例尺，并按"R-S"键，确认后，即可在欲测图形中心的左边周线上标明一个记号，作为量测的起始点。

3）然后按"START"键，蜂鸣器发出响声，显示零，用跟踪放大镜中心准确地沿着图形的边界线顺时针移动一周后，回到起点，其显示值即为图形的实地面积。

4）对同一面积要重复测量三次以上，取其平均值。

7. 地形图在工程建设中的应用

（1）绘制已知方向线的纵断面图。如图4-31所示，欲绘制直线 *AB*、*BC* 纵断面图，操作步骤如下：

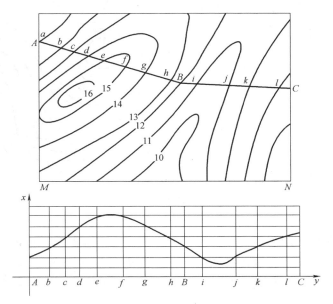

图4-31　绘制已知方向线的纵断面图

1）首先在图纸上绘出平距的横轴 *MN*，过 *A* 点做垂线，作为纵轴，表示高程。平距的比例尺与地形图的比例尺一致；为了明显地表示地面起伏变化情况，高程比例尺往往比平距比例尺放大 10～20 倍。

2）再在纵轴上标注高程，沿断面方向量取两相邻等高线间的平距，在横轴上标出 *b*、*c*、*d*、……、*l* 及 *C* 等点。

3）从各点做横轴的垂线，在垂线上按各点的高程，并对照纵轴标注的高程从而确定各点在剖面图上的位置。

4）用光滑的曲线连接各点，便得所求方向线 *A*–*B*–*C* 的纵断面图。

（2）按限定坡度选定最短线路。在道路、管道等工程规划中，一般要求按限制坡度选定一条最短路线。

如图4-32所示，设从公路旁 *A* 点到山头 *B* 点选定一条路线，限制坡度为 4%，地形图比例尺为 1：2000，等高距为 1m。具体操作方法如下：

1）确定线路上两相邻等高线间的最小等高线平距。

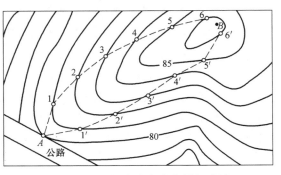

图4-32　按规定坡度选定最短路线

2）先以 A 点为圆心，以 d 为半径，用圆规画弧，交 81m 等高线于 1 点，再以 1 点为圆心同样以 d 为半径划弧，交 82m 等高线于 2 点，依次到 B 点。连接相邻点，便得同坡度路线 A—1—2—……—B。在选线过程中，有时会遇到两相邻等高线间的最小平距大于 d 的情况，即所作圆弧不能与相邻等直线相交，说明该处的坡度小于指定的坡度，则以最短距离定线。

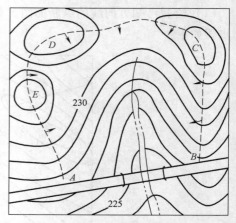

3）在图上还可以沿另一方向定出第二条线路 A—1′—2′—……—B，作为方案的比较。

在实际工作中，还需在野外考虑工程上其他因素，如少占或不占耕地，避开不良地质构造，减少工程费用等，最后确定一条最佳路线。

（3）汇水区域确定。当线路穿过山谷或经过河流时，要修建涵洞或桥梁，此时，需要知道流过涵洞或桥梁的最大水量，为此应先确定汇水区域的界限。

图 4-33　确定汇水范围

如果是已经印制好的地形图，可以用手工方式确定汇水面积。如图 4-33 所示，要确定此桥所在位置的汇水面积，先定出桥两端一定距离内的最高点 A、B，再从 A、B 连接各山脊线，这些山脊线围成的面积就是汇水面积。图中 ABCDEA 就是汇水区域的界限。

 本章小结及综述

通过本章学习，读者应侧重掌握地形图测绘方法，主要总结为以下五点：

1. 在工程建设中，需要把建设地点的地面高低起伏、地面上的物体情况用图纸来表达出来，以利于工程设计、施工单位的技术人员开展相应的工作。这种把建设地点的地面起伏及地面物体都表示到一张图纸上的图形就叫做地形图。地形图是普通地图的一种，是按一定比例尺表示地貌、地物平面位置和高程的一种正射投影图。

2. 地形图是土木工程中最基本的资料之一，作为工程技术人员，必须掌握地形图测绘和应用的技能。

3. 地形图测绘是在测区内完成了控制测量工作之后，以控制点为测站，进行地物、地貌特征点的测定工作，并绘出地形图。

4. 在新建、扩建、改建工程建筑物时，都必须对拟建地区的地形、地质情况做认真的调查研究，并把这些资料绘制成图，以便于更好地开展工作。

5. 数字化测图方法的实质是用全站仪或 GPS 野外采集数据，计算机进行数据处理，并建立数字立体模型和计算机辅助绘制地形图，它是一种效率高、能减轻劳动强度的有效方法。

第**5**章

建筑施工测量

 本章重点难点提示

1. 熟悉建筑施工测量的基本要求、工作内容及精度要求。
2. 掌握建筑施工放样基本工作的内容及方法。
3. 掌握建筑施工场地控制测量的具体内容及施工方法。
4. 熟悉民用建筑施工测量的操作方法。
5. 熟悉高层建筑施工测量的操作方法。

5.1 建筑施工测量概述

建筑施工测量（图 5-1）的目的是将图纸上设计的建筑物的平面位置、形状和高程标定在施工现场的地面上，并在施工过程中指导施工，使工程按照设计的要求进行建设。

1. 施工测量基本要求

（1）施工测量同样必须遵循"由整体到局部、先高级后低级、先控制后碎部"的原则组织实施。

（2）对于大中型工程的施工测量，要先在施工区域内布设施工控制网，而且要求布设成两级，即首级控制网和加密控制网。

（3）首级控制点相对固定，布设在施工场地周围不受施工干扰、地质条件良好的地方；加密控制点直接用于测设建筑物的轴线和细部点。不论是平面控制还是高程控制，在测设细部点时要求一站到位，减少误差的累计。

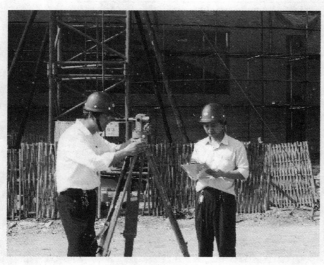

图 5-1　建筑施工测量

2. 施工测量的内容

（1）施工前应建立与工程相适应的施工控制网。

（2）建（构）筑物的放样及构件与设备安装的测量工作，以确保施工质量符合设计要求。

（3）检查和验收工作。每道工序完成后，都要通过测量检查工程各部位的实际位置和高程是否符合要求，根据实测验收的记录编绘竣工图和资料，作为验收时鉴定工程质量和工程交付后管理、维修、扩建、改建的依据。

（4）变形观测工作。变形观测工作是随着施工的进展而进行的，包括测定建（构）筑物的位移和沉降，并作为鉴定工程质量和验证工程设计、施工是否合理的依据。

3. 施工测量的精度要求

（1）施工测量精度高低排列为：钢结构、钢筋混凝土结构、毛石混凝土结构、土石方工程。又如预制件装配式的方法比现场浇筑测量精度高，钢结构用高强度螺栓连接的精度要求比用焊接精度要求高。

（2）混凝土柱、梁、墙的施工总允许误差为 10～30mm。高层建筑物轴线的倾斜度要求为 1/2000～1/1000。钢结构施工的总误差随施工方法不同，允许误差在 1～8mm。土石方的施工允许误差达到 10cm。

（3）关于具体工程的具体精度要求，如施工规范中有规定，则参照执行，如果没有规定则由设计、测量、施工以及构件制作几方人员合作共同协商决定误差分配。

5.2　建筑施工放样基本工作

施工放样，就是根据待建的建（构）筑物各特征点与控制点之间的距离、角度、高差等测设数据，以控制点为根据，将各特征点在实地标定出来。施工放样的基本工作包括：测设已知的水平距离、水平角和高程。

1. 已知水平距离放样

（1）普通方法。如果放样要求精度不高时，从已知点开始，沿给定的方向量出设计给定的水平距离，在终点处打一木桩，并在桩顶标出测设的方向线，然后仔细量出给定的水平距离，对准读数在桩顶画一垂直测设方向的短线，两线相交即为要放的点位。

为了校核和提高放样精度，以测设的点位为起点向已知点返测水平距离，如果返测的距离与给定的距离有误差，且相对误差超过允许值时，须重新放样；如果相对误差在容许范围内，可取两者的平均值，用设计距离与平均值的差的一半作为正数，改正测设点位的位置（当改正数为正，短线向外平移，反之向内平移），即可得到正确的点位。

如图 5-2 所示，已知 A 点，欲放样 B 点，AB 设计距离为 27.50m，放样精度要求达到 1/2000。

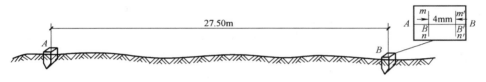

图 5-2　已知水平距离的普通测设法

普通方法的测量步骤为：

1）以 A 点为基准点在放样的方向（A—B）上量取 27.50m，打一木桩，且在桩顶标出方向线 AB。

2）一个测量人员把钢卷尺零点对准 A 点，另一测量人员拉直并放平尺子，对准 27.50m 处，在桩上画出与方向线垂直的短线 $m'n'$，交 AB 方向线于 B' 点。

3）返测 $B'A$ 得距离为 27.506m，则有 $\Delta D = 27.50 - 27.506 = -0.06$m，所以此测量的相对误差为：$\dfrac{0.06}{27.50} \approx \dfrac{1}{4583} < \dfrac{1}{2000}$

改正数 $= \Delta D/2 = -0.003$m。

4）$m'n'$ 垂直向内平移 4mm 得 mn 短线，其与方向线的交点即为欲测设的 B 点。

（2）精确方法

精确测量时，要进行尺长、温度和倾斜改正。如图 5-3 所示，设 d_0 为欲测设的设计长度（水平距离），在测设之前必须根据所使用钢卷尺的尺长方程式计算尺长改正、温度改正，再求得应量水平长度，计算公式为

$$l = d_0 - \Delta l_d - \Delta l_t$$

式中　Δl_d——尺长改正数；

　　　Δl_t——温度改正数。

考虑高差改正，可得实地应量距离为

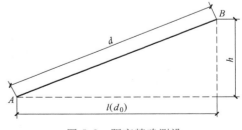

图 5-3　距离精确测设

$$d = \sqrt{l^2 + h^2}$$

（3）用光电测距仪测设已知水平距离（图5-4）

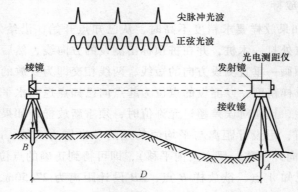

图5-4　光电测距仪测设已知水平距离

1）先在欲测设方向上目测安置反射棱镜，用测距仪测出的水平距离，设为 d_0'。

2）设 d_0' 与欲测设的距离（设计长度）d_0 相差 Δd，前后移动反射棱镜，直至测出的水平距离等于 d_0 为止。如测距仪有自动跟踪功能，可对反向棱镜进行跟踪，直到显示的水平距离为设计长度即可。

2. 已知水平角

（1）一般测设方法。当测设水平角的精度要求不高时，可用盘左、盘右取中数的方法，如图5-5所示，设地面上已有 OA 方向线，从 OA 右测设已知水平角度值。为此，将经纬仪安置在 O 点，用盘左瞄准 A 点，读取度盘数值；松开水平制动螺旋，旋转照准部，使度盘读数增加多角值，在此视线方向上定出 B' 点。为了消除仪器误差和提高测设精度，用盘右重复上述步骤，再测设一次，得 B'' 点，取 B' 和 B'' 的中点 B，则 $\angle AOB$ 就是要测设的 β 角。此法又称为盘左盘右分中法。

（2）精确测设方法。测设水平角的精度要求较高时，可采用作垂线改正的方法，以提高测设的精度。如图5-6所示，在 O 点安置经纬仪，先用一般方法测设 β 角，在地面定出 B 点；再用测回法测几个测回，较精确地测得 $\angle AOB$ 为 β，再测出 OB 的距离。操作步骤为：

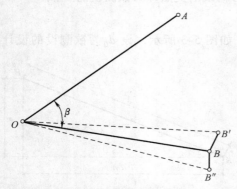

图5-5　已知水平角测设的一般方法

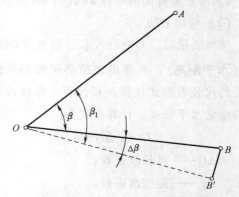

图5-6　已知水平角测设的精确方法

1）先用一般方法测设出 B' 点。

2）用测回法对 $\angle AOB'$ 观测若干个测回（按测回数据要求的精度而定），求出各测回平均值 β_1，并计算出 $\Delta\beta$。

$$\Delta\beta=\beta-\beta_1$$

3）量取 OB' 的水平距离。

4）自 B' 点沿 OB' 的垂直方向量出距离 BB'，$BB'=OB'\tan\Delta\beta\approx OB'\dfrac{\Delta\beta}{\rho}$，定出 B 点，则 $\angle AOB$ 就是要测设的角度。量取改正距离时，如 $\Delta\beta$ 为正，则沿 OB' 的垂直方向向外量取；如 $\Delta\beta$ 为负，则沿 OB' 的垂直方向向内量取。

3. 已知高程的测设

测设已知高程就是根据已知点的高程，通过引测，把设计高程定在固定的位置上。

（1）如图 5-7 所示，已知水准点 A，其高程为 $H_水$，需要在 B 点标定出已知高程为 H_B 的位置。方法是：在 A 点和 B 点中间安置水准仪，精平后读取 A 点的标尺读数为 a，则仪器的视线高程为 $H_i=H_水+a$，由图可知测设已知高程为 H_B 的 B 点标尺读数应为 $b=H_i-H_B$。将水准尺紧靠 B 点木桩的侧面上下移动，直到尺上读数为 b 时，沿尺底画一标志线，此线即为设计高程 H_B 的位置。

（2）在地下坑道施工中，高程点位通常设置在坑道顶部。如图 5-8 所示，A 为已知高程 H_A 的水准点，B 为待测设高程为 H_B 的位置，由于 $H_B=H_A+a+b$，则在 B 点应有的标尺读数 $b=H_B-(H_A+a)$。因此，将水准尺倒立并紧靠 B 点木桩上下移动，直到尺上读数为 b 时，在尺底画出设计高程 H_B 的位置。

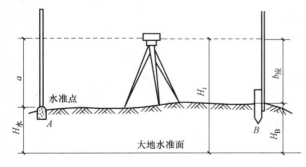

图 5-7　测设高程的原理

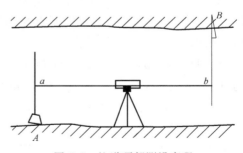

图 5-8　坑道顶部测设高程

（3）若待测设高程点和水准点的高差较大时，如在深基坑内或在较高的楼板上，则可以采用悬挂钢卷尺的方法进行测设。如图 5-9 所示，钢卷尺悬挂在支架上，零端向下并挂一重物，A 为已知高程为 H_A 的水准点，B 为待测设高程为 H_B 的点位。在地面和待测设点位附近安置水准仪，分别在标尺和钢卷尺上读数 a_1、b_1 和 a_2。由于 $H_B=H_A+a_1-(b_1-a_2)-b_2$，则可以计算出 B 点处标尺的应有读数 $b_2=H_A+a_1-(b_1-a_2)-H_B$。

4. 点的坐标放样

（1）直角坐标法放样。如图 5-10 所示，A、B、C、D 为方格网的四个控制点，Q 为欲

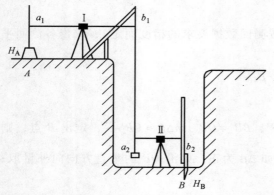

图 5-9 深基坑测设高程

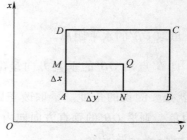

图 5-10 直角坐标法放样

放样点。放样的方法与步骤如下：

1）计算放样参数。首先计算出 Q 点相对控制点 A 的坐标增量

$$\Delta x_{AQ} = AM = x_Q - x_A$$

$$\Delta y_{AQ} = AN = y_Q - y_A$$

2）外业测设

在 A 点架设经纬仪，瞄准 B 点，并在此方向上放水平距离 $AN = \Delta y$ 得 N 点。

在 N 点上架设经纬仪，瞄准 B 点，仪器左转 90° 确定方向，在此方向上丈量 $NQ = \Delta x$，即得出 Q 点。

3）校核。沿 AD 方向先放样 Δx 得 M 点，在 M 点上架设经纬仪，瞄准 A 点，左转 90° 再放样 Δy，也可以得到 Q 点位置。

（2）极坐标法放样。当施工控制网为导线时，常采用极坐标法进行放样，如果控制点与测站点距离较远时，则用全站仪放样更方便。

1）用经纬仪放样。如图 5-11 所示，已知地面上控制点 A、B，坐标分别为 $A(x_A，y_A)$ 和 $B(x_B，y_B)$，M 为一欲放样点，设计其坐标为 $M(x_M，y_M)$，用经纬仪放样的步骤与方法如下：

① 先根据 A、B、M 点坐标，计算出 AB、AM 边的方位角和 AM 的距离

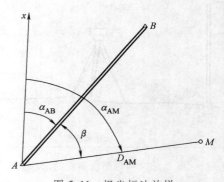

图 5-11 极坐标法放样

$$\alpha_{AB} = \arctan \frac{\Delta y_{AB}}{\Delta x_{AB}}$$

$$\alpha_{AM} = \arctan \frac{\Delta y_{AM}}{\Delta x_{AM}}$$

$$D_{AM} = \sqrt{\Delta x_{AM}^2 + \Delta y_{AM}^2}$$

② 再计算出 $\angle BAM$ 的水平角 β

$$\beta = \alpha_{AM} - \alpha_{AB}$$

③ 安置经纬仪在 A 点上，对中、整平。

④ 以 AB 边为起始边，顺时针方向转动望远镜，测设水平角 β，然后固定照准部。

⑤ 在望远镜的视准轴方向上测设距离 D_{AM}，即得 M 点。

2）用全站仪放样。如图 5-11 所示，全站仪极坐标放样方便、准确，步骤与方法如下：

① 输入已知点 A、B 和需放样点 M 的坐标（若存储文件中有这些点的数据也可直接调出），仪器自动计算出放样的参数（水平距离、起始方位角和放样方位角以及放样水平角）。

② 在测站点 A 安置全站仪，开始放样。按照仪器要求输入测站点 A，确定。再输入后视点 B，并精确瞄准后视点 B，确定。

这时，仪器自动计算出 AB 方向，且自动设置 AB 方向的水平盘读数为 AB 的坐标方位角。

③ 按照要求输入方向点 P，仪器显示 P 点坐标，待检查无误后，确定。这时，仪器自动计算出 AM 的方向（坐标方位角）和水平距离。水平转动望远镜，使仪器视准轴方向为 AM 方向。

④ 在望远镜视线方向上立反射棱镜，显示屏显示的距离便是测量距离与放样距离的差值，即棱镜的位置与欲放样点位的水平距离之差，此值如果是正值，则表示已超过放样标定位，为负值则相反。

⑤ 使反射棱镜沿望远镜的视线方向移动，当距离差值读数为 0.000m 时，棱镜所在的点即为欲放样点 M 的位置。

（3）**角度交会法放样**。角度交会法适用于欲测设点距控制点较远，地形起伏大，并且量距比较困难的建筑施工场地。

如图 5-12 a 所示，A、B、C 为已知控制点，M 为欲测设点，用角度交会法测设 M 点，测设步骤与方法如下：

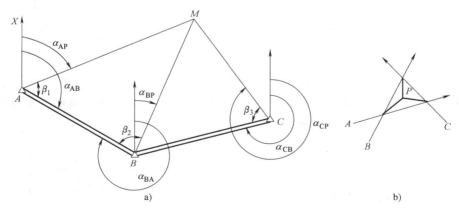

图 5-12　角度交会法放样

1）首先按坐标反算公式，分别计算出 α_{AB}、α_{AP}、α_{BP}、α_{CB} 和 α_{CP}，再计算水平角 β_1、β_2 和 β_3。

2）在 A、B 两点同时安置经纬仪，同时测设水平角 β_1 和 β_2，定出两条视线，在两条视线相交处钉下一个大木桩，在木桩上依 AM、BM 绘出方向线及其交点。

3）在控制点 C 上安置经纬仪，测设水平角 β_3，同样在木桩上依 CM 绘出方向线。

4）当交会无误差时，依 CM 绘出的方向线应通过前两方向线的交点，否则会形成一个"示误三角形"，如图 5-12 b，如果示误三角形边长在限差以内，那么示误三角形重心作为欲测设点 M 的最终位置。

（4）距离交会法放样。当测设点与控制点距离不长、施工场地平坦、易于量距时，用距离交会法测设点的位置。

如图 5-13 所示，A、B 为控制点，M 点为欲测点，测设步骤与方法如下：

1）根据 A、B 的坐标和 M 点坐标，用坐标反算方法计算出 d_{AM}、d_{BM}。

2）分别以控制点 A、B 为圆心，以距离 d_{AM} 和 d_{BM} 为半径在地面上画圆弧，两圆弧的交点即为欲测设的 M 点的平面位置。

3）实地校核。如果待放点有两个以上，可根据各待放点的坐标反算各待放点之间的水平距离。对已经放样出的各点，再实测出它们之间的距离，且与相应的反算距离比较进行校核。

（5）GPS 测设法放样。GPS 放样操作步骤与方法如下：

1）先将需要放样的点、直线、曲线、道路"键入"，或由"TGO"导入控制器。

2）从主菜单中，选"测量"，从"选择测量形式"菜单中选择"RTK"。

3）从主菜单选"放样"按回车键，从显示的"放样"菜单中将光标移至点，按回车键，按 F1 键（控制器内数据库的点增加到"放样/点"菜单中），显示如图 5-14 所示。

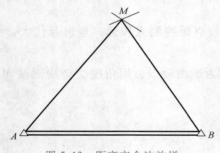

图 5-13　距离交会法放样

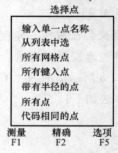

图 5-14　选择主菜单界面

4）选"从列表中选"，选择所要放样的点，按 F5 键后就会在点左边出现一个"√"，那么这个点就增加到"放样"菜单中，按回车键，返回"放样/点"菜单，选择要放样的点，按回车键，显示如图 5-15 所示。

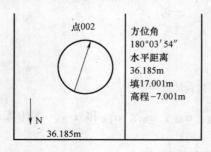

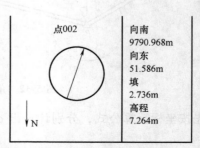

图 5-15　点的放样数据界面

5）两个图可以通过 F5 键来转换，根据需要而选择。当你的当前位置很接近放样点时，就会显示如图 5-16 所示的内容。

6）界面中"◎"表示镜杆所在位置，"+"表示放样点的位置，此时按下 F2 键进入精确放样模式，直至出现"+"与"◎"重合，放样完成。

7）最后按两下 F1 键，测量 3~5s，按 F1 键存储。

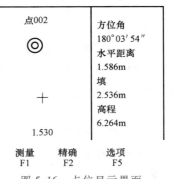

图 5-16　点位显示界面

5. 已知坡度线的测设

如图 5-17 所示，A、B 为坡度线的两端点，其水平距离为 D，设 A 点的高程为 H_A，要沿 AB 方向测设一条坡度为 i_{AB} 的坡度线。测设步骤与方法如下：

（1）根据 A 点的高程、坡度 i_{AB} 和 A、B 两点间的水平距离 D，计算出 B 点的设计高程。

$$H_B = H_A + i_{AB}D$$

（2）按测设已知高程的方法，在 B 点处将设计高程 H_B 测设于 B 桩顶上，此时，AB 直线构成坡度为 i_{AB} 的坡度线。

（3）然后将水准仪安置在 A 点上，并让基座上的一脚螺旋在 AB 方向线上，另外两个脚螺旋的连线与 AB 方向垂直。

（4）量取仪器高度 i，用望远镜瞄准 B 点的水准尺，转动在 AB 方向上的脚螺旋或微倾螺旋，使十字丝中丝对准 B 点水准尺上等于仪器高 i 的读数，此时，仪器的视线与设计坡度线平行。

（5）在 AB 方向线上测设中间点，分别在 1、2、3……处打下木桩，使各木桩上水准尺的读数均为仪器高 i，那么，各桩顶连线即是欲测设的坡度线。

（6）当设计坡度较大时，超出了水准仪脚螺旋所能调节的范围，可以用经纬仪测设。

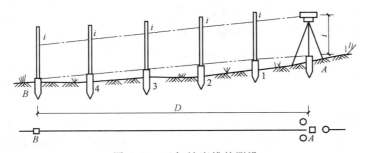

图 5-17　已知坡度线的测设

5.3　建筑施工场地控制测量

1. 施工控制网

施工控制网的种类如下：

（1）施工平面控制网

1）三角网：对于地势起伏较大，通视条件较好的施工场地，可采用三角网。

2）导线网：对于地势平坦，通视比较困难的施工场地，可采用导线网。

（2）建筑方格网。对于建筑物多为矩形且布置比较规则和密集的施工场地，可采用建筑方格网。

（3）建筑基线。对于地势平坦且又简单的小型施工场地，可采用建筑基线。

（4）施工高程控制网。施工高程控制网采用水准网。

与测图控制网相比，施工控制网具有控制范围小、控制点密度大、精度要求高及使用频繁等特点。

2. 施工场地平面控制测量

施工坐标系与测图坐标系的换算。

（1）施工坐标系。施工坐标系就是以建筑物的主轴线或平行于主轴线的直线为坐标轴而建立起来的坐标系。为了避免整个测区出现坐标负值，施工坐标系的原点应设在施工总平面图西南角之外，也就是假定某建筑物主轴线的一个端点的坐标是一个较大的正值。

为了计算放样数据的方便，施工控制网的坐标系通常应与总平面图的施工坐标系保持一致，施工控制网应尽可能地将建筑物的主要轴线当做施工控制网的一条边。

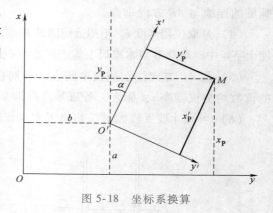

图 5-18　坐标系换算

（2）测图坐标系。在工程勘测设计阶段，为测绘地形图而建立平面和高程控制网，内容分为基本控制网（又称等级控制）和图根控制网。其中，基本控制网是整个测区测量的基础，图根控制网是直接为地形测图服务的控制网。

测图的坐标系主要是采用国家坐标系或独立坐标系，其纵轴为坐标纵轴方向，横轴为正东方向，如图 5-18 中坐标系 $x-O-y$ 为测图坐标系。如采用独立坐标系，为了避免整个测区出现坐标负值，测图坐标系的原点往往设在测区的西南角之外。

（3）坐标系的换算。当施工控制网与测图控制网发生联系时，便有可能需进行坐标换算。即将一个点的施工坐标换算成测图坐标系中的坐标或是将一个点的测图坐标换算成施工坐标系中的坐标。如图 5-18 所示，$x-O-y$ 为测图坐标系，$x'-O'-y'$ 为施工坐标系。

如果设 M 点在测图坐标系中的坐标为 x_M、y_M，在施工坐标系的坐标为 $x_M{'}$、$y_M{'}$，则有

$$x_M = a + x_M{'}\cos\alpha + y_M{'}\sin\alpha$$

$$y_M = b + x_M{'}\sin\alpha + y_M{'}\cos\alpha$$

或

$$x' = (y_M - b)\sin\alpha + (x_M - a)\cos\alpha$$

$$y' = (y_M - b)\cos\alpha - (x_M - a)\sin\alpha$$

式中　a——施工坐标系的坐标原点 O' 在测图坐标系中的纵坐标（m）；

b——施工坐标系的坐标原点 O' 在测图坐标系中的横坐标（m）；

α——两坐标系纵坐标轴的夹角。

上式中的 a、b 和 $α$ 称为坐标换算元素，通常由设计文件明确给定，坐标换算时要注意 $α$ 的正、负。施工坐标纵轴 $O'x'$ 在测图坐标系纵轴 Ox 的右侧 $α$ 角值取正；如果 $O'x'$ 轴在 Ox 轴的左侧，$α$ 角值取负。

3. 建筑基线

（1）建筑基线的布线形式。建筑基线是建筑场地的施工平面控制基准线，即在建筑场地布置一条或几条轴线。它适用于建筑设计总平面图布置比较简单的小型建筑场地。

1）布设形式。建筑基线的布设形式，应根据建筑物的分布、施工场地地形等因素来确定。常用的布设形式有一字形、L形、十字形和T形，如图 5-19 所示。

2）建筑基线的布设要求

① 建筑基线应尽可能靠近拟建的主要建筑物，并与其主要轴线平行，以便使用比较简单的直角坐标法进行建筑物的定位。

② 建筑基线上的基线点应不少于三个，以便相互检核。

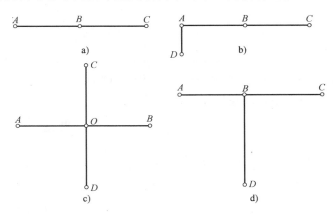

图 5-19　建筑基线的布设形式
a）一字形　b）L形　c）十字形　d）T形

③ 建筑基线应尽可能与施工场地的建筑红线相连系。

④ 基线点位应选在通视良好和不易被破坏的地方，为能长期保存，要埋设永久性的混凝土桩。

（2）建筑基线测设方法

1）根据建筑基线的红线测设。建筑红线是指由城市测绘部门测定的建筑用地界定基准线，在城市建设区，建筑红线可用作建筑基线测设的依据。

如图 5-20 所示，AB、AC 为建筑红线，1、2、3 为建筑基线点，利用建筑红线测设建筑基线的方法如下：

首先，从 A 点沿 AB 方向量取 d_2 定出 P 点，沿 AC 方向量取 d_1 定出 Q 点。

过 B 点作 AB 的垂线，沿垂线量取 d_1 定出 2 点，作出标志；过 C 点作 AC 的垂线，沿垂线量取 d_2 定出 3 点，作出标志；用细线拉出直线 $P3$ 和 $Q2$，两条直线的交点即为 1 点，作出标志。

在 1 点安置经纬仪，精确观测 ∠213，其与 90° 的差值应小于 ±20″。

2）用已有控制点测设建筑基线。在建筑场地上设有建筑红线作为依据时，可以利用建筑基线的设计坐标和附近已有控制点的坐标，用极坐标法测设建筑基线。

如图 5-21 所示，A、B 为附近已有控制点，1、2、3 为选定的建筑基线点。

根据已知控制点和建筑基线点的坐标，计算出测设数据 $β_1$、D_1、$β_2$、D_2、$β_3$、D_3。然后用极坐标法测设 1、2、3 点。

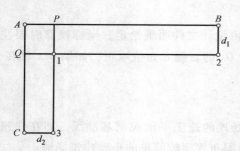

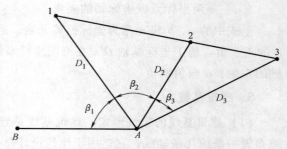

图 5-20 根据建筑红线测设建筑基线　　　图 5-21 根据控制点测设建筑基线

由于存在测量误差，测设的基线点往往不在同一直线上，且点与点之间的距离与设计值也不完全相符，因此，需要精确测出已测设直线的折角 β' 和距离 D'，并与设计值相比较。如图 5-22 所示，如果 $\Delta\beta=\beta'-180°$ 超过 $\pm15''$，则应对 $1'$、$2'$、$3'$ 点在与基线垂直的方向上进行等量调整，调整量按下式计算

$$\delta=\frac{ab}{a+b}\times\frac{\Delta\beta}{2\rho}$$

式中　δ——各点的调整值（m）；

　　a、b——12、23 的长度（m）。

如果测设距离超限，如 $\dfrac{\Delta D}{D}=\dfrac{D'-D}{D}>\dfrac{1}{10000}$，则以 2 点为准，按设计长度沿基线方向调整 $1'$、$3'$ 点。

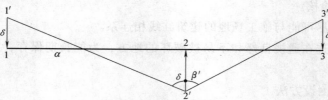

图 5-22 基线点的调整

4. 建筑方格网

在设计和施工部门，为了工作上的方便，常采用一种独立坐标系，称为施工坐标系或建筑坐标系。由正方形或矩形组成的施工平面控制网，称为建筑方格网，或称矩形网，如图 5-23 所示，建筑方格网适用于按矩形布置的建筑群或大型建筑场地。

（1）建筑方格网的布设要求。建筑方格网的布置，应根据建筑设计总平面上各建筑物、构筑物、道路及各种管线的布设情况，结合现场的地形情况拟定。布置时应先选定建筑方格网的主轴线，然后再全面布置方格网。方格网的形式可布置成正方形或矩形。如图 5-24 所示，方格网可布设成"田"字形，或"十"字形作为主轴线。主轴线上至少要有三个点，如 A、B、C、D、O 为主轴线点，其余方格点为加密点。

建筑方格网的布网要求如下：

1）方格网的主轴线应尽量选在建筑场地的中央，并与总平面图上所设计的主要建筑物轴线平行或垂直。

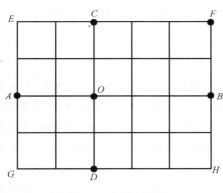

图 5-23　建筑方格网

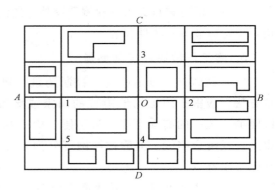

图 5-24　建筑方格网布设

2）方格网的轴线应彼此严格垂直。

3）主轴线的各端点应布设在场地的边缘，以便控制整个场地。

4）方格网的边长一般为 100～200m，矩形方格网的边长视建筑物的大小和分布而定，为便于使用，边长尽可能为 50m 或其整数倍。

5）方格网的边应保证通视且便于测距和测角，点位标石应能长期保存。

（2）建筑方格网主轴线的测设。如图 5-25 所示，AOB、COD 为建筑方格网的主轴线，A、B、C、D、O 是主轴线上的主点。根据附近已知控制点坐标与主轴线测量坐标计算出测设数据，测设主轴线点。先测设主轴线 AOB，其方法与建筑基线测设相同，要求测定 ∠AOB 的测角中误差不应超过 ±2.5″，直线的限差在 ±5″以内；测设与主轴线 AOB 要垂直的另一主轴线 COD 时，将经纬仪安置于 O 点，瞄准 A 点，分别向右、向左转 90°，以精密量距初步定出 C′

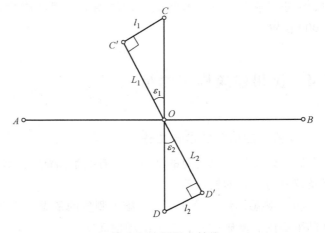

图 5-25　测设主轴线

和 D′点。精确测出 ∠AOC′和 ∠AOD′，分别算出它们与 90°之差 ε_1 和 ε_2，并按下式计算出调整值，即

$$l = L\frac{\varepsilon''}{\rho''}$$

点位按垂线改正法改正后，应检查两主轴线交角和主点间的水平距离，其均应在规定限差范围之内。测设时，各轴线点应埋设混凝土桩。

（3）建筑方格网点的测设。如图 5-24，在测设出主轴线后，从 O 点沿主轴线方向进行精密量距，定出 1、2、3、4 点；然后将两台经纬仪分别安置在主轴线上的 1、4 两点，均以 O 点为起始方向，分别向左和向右精密测设角，按测设方向交会出 5 点的位置。交点 5 的位置确定后，即可进行交角的检测和调整。同法，用角度交会法测设出其余方格网点，所有方格网点均应埋设永久性标志。

5. 施工场地高程控制测量

（1）建筑施工场地的高程控制测量。建筑施工场地的高程控制测量一般采用水准测量方法，应根据施工场地附近的国家或城市已知水准点，测定施工场地水准点的高程，以便纳入统一的高程系统。为了便于检核和提高测量精度，施工场地高程控制网应布设成闭合或附合路线。高程控制网可分为首级网和加密网，相应的水准点称为基本水准点和施工水准点。

（2）基本水准点。基本水准点应布设在土质坚实、不受施工影响、无振动和便于实测的位置，并埋设永久性标志，一般情况下，按四等水准测量的方法测定其高程，而对于为连续性生产车间或地下管道测设所建立的基本水准点，则需按三等水准测量的方法测定其高程。

（3）施工水准点。施工水准点是用来直接测设建筑物高程的，为了测设方便和减少误差，施工水准点应靠近建筑物。由于设计建筑物常以底层室内地坪高±0.000 标高为高程起算面。为了施工引测方便，常在建筑物内部或附近测设±0.000 水准点。±0.000 水准点的位置，一般选在稳定的建筑物墙、柱的侧面，用红漆绘成水平线的"▼"形，其顶端表示±0.000 位置。

5.4　民用建筑施工测量

1. 施工测量前的准备工作

民用建筑施工测量前的准备工作有熟悉图纸、现场踏勘、施工场地整理、制订测设方案以及仪器与工具的校核等。

（1）熟悉图纸。设计图纸是施工测量的依据，主要包括：建筑总平面图、建筑平面图、基础平面图、基础详图、立面图和剖面图。

1）建筑总平面图。建筑总平面图是施工放样的总体依据，建筑物就是根据总平面图所给的尺寸关系进行定位的，如图 5-26 所示。

2）建筑平面图。建筑平面图给出建筑物各定位轴线间的尺寸关系以及室内地坪标高等，如图 5-27 所示。

3）基础平面图。基础平面图给出基础边线和定位轴线的平面尺寸和编号，如图 5-28 所示。

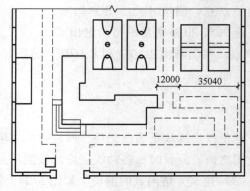

图 5-26　建筑总平面图

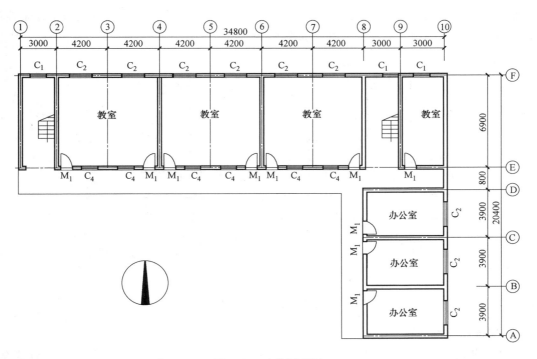

图 5-27　建筑平面图

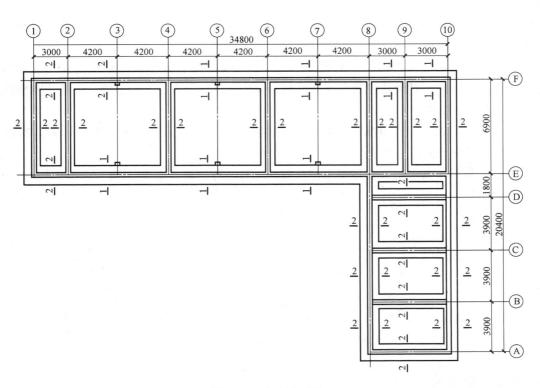

图 5-28　基础平面图

4）基础详图。基础详图给出基础的立面尺寸、设计标高，以及基础边线与定位轴线的尺寸关系，也是基础施工放样的依据，如图 5-29 所示。

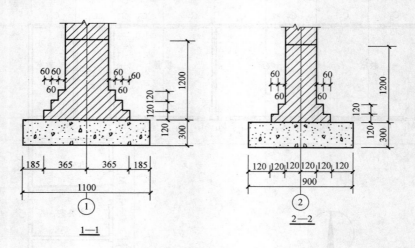

图 5-29　基础详图

5）立面图和剖面图

在建筑物的立面图和剖面图中，可以查出基础、地坪、门窗、楼板、屋面等设计高程，也是高程测设的主要依据。

在熟悉上述主要图纸的基础上，还要认真核对各种图纸总尺寸与各部分尺寸之间的关系是否正确，以免出现差错。

（2）现场踏勘。现场踏勘（图 5-30）的目的是为了掌握现场的地物、地貌和原有测量控制点的分布情况，对测量控制点的点位和已知数据进行认真检查和复核，为施工测量获得正确的测量起始数据和点位。

（3）制订测设方案。根据设计要求、定位条件、现场地形和施工方案等因素，制订测设方案，包括测设方法、测设数据计算和绘制测设略图。

（4）仪器和工具。对测设所使用的仪器和工具进行检核（图 5-31）。

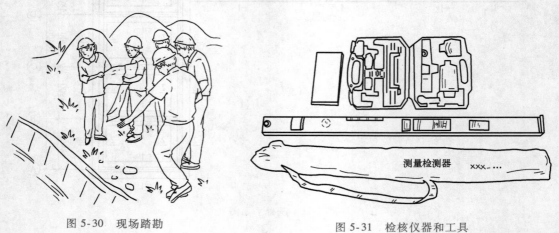

图 5-30　现场踏勘

图 5-31　检核仪器和工具

（5）建筑物定位。建筑物的定位，就是把建筑物外廊线各轴线交点（简称角桩，如图 5-32 所示的 M、N、P 和 Q）测设在地面上，再根据这些点进行细部放样。测设时如现场已有建筑方格网或建筑基线时，可直接采用直角坐标法进行定位。

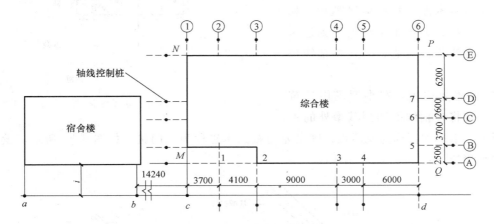

图 5-32　建筑物的定位和放线

由于定位条件不同，定位方法也不同，根据已有建筑物测设拟建建筑物的定位方法如下：

1）如图 5-32 所示，用钢卷尺沿宿舍楼的东、西墙，延长出一小段距离 i 的 a、b 两点，做出标志。

2）在 a 点安置经纬仪，瞄准 b 点，并从 b 沿 ab 方向量取 14.240m（因为综合楼的外墙厚 370mm，轴线偏里，离外墙皮 240mm），定出 c 点，作出标志，再继续沿 ab 方向从 c 点起量取 25.800m，定出 d 点，作出标志，cd 线就是测设综合楼平面位置的建筑基线。

3）分别在 c、d 两点安置经纬仪，瞄准 a 点，顺时针方向测设 90°，沿此视线方向量取 l+0.240m，定出 M、Q 两点，作出标志，再继续量取 15.000m，定出 N、P 两点，作出标志。M、N、P、Q 四点即为综合楼外廊定位轴线的交点。

4）检查 NP 的距离是否等于 25.800m，$\angle N$ 和 $\angle P$ 是否等于 90°，其误差应在允许范围内。

如施工场地已有建筑方格网或建筑基线时，可直接采用直角坐标法进行定位。建筑物的定位如图 5-33 所示。

（6）建筑物放线。建筑物的放线，是指根据已定位的外墙轴线交点桩（角桩）详细测设出建筑物各轴线的交点桩（或称中心桩），然后根据交点桩用白灰撒出基槽开挖边界线。施工时为了能方便地恢复各轴线的位置，一般是把轴线延长到安全地点，并作好标志。

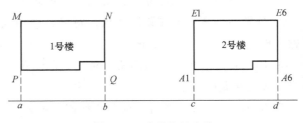

图 5-33　建筑物的定位

1）设置轴线控制桩。轴线控制桩一般设置在基槽外 2~4m 处，打下木桩，桩顶钉上小钉，准确标出轴线位置，并用混凝土包裹木桩，如图 5-34 所示。如附近有建筑物，亦可把轴线投测到建筑物上，用红漆作出标志，以代替轴线控制桩。

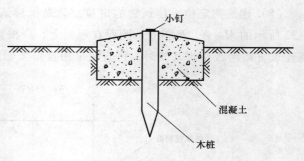

图 5-34　轴线控制桩

2）设置龙门板。在小型民用建筑施工中，常将各轴线引测到基槽外的水平木板上。水平木板称为龙门板，固定龙门板的木桩称为龙门桩，如图 5-35 所示。设置龙门板的步骤如下：

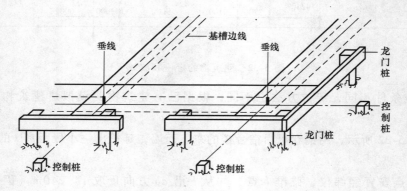

图 5-35　龙门板

① 在建筑物四角和隔墙两端基槽开挖边线以外的 1~1.5m 处（具体根据土质情况和挖槽深度确定）钉设龙门桩，龙门桩要钉得竖直、牢固，其侧面应平行于基槽。

② 根据建筑场地的水准点，用水准测量的方法在龙门桩上测设出建筑物的 ±0.000 标高线，其误差应不超过 ±5mm。

③ 将龙门板钉在龙门桩上，使龙门板顶面对齐龙门桩上的 ±0.000 标高线。

④ 分别在轴线桩上安置经纬仪，将墙、柱轴线投测到龙门板顶面上，并钉上小钉作为标志。投点误差应不超过 ±5mm。

⑤ 用钢卷尺沿龙门板顶面检查轴线钉的间距。应符合要求。以龙门板上的轴线钉为准，将墙宽线画在龙门板上。

采用挖掘机开挖基槽时，为了不妨碍挖掘机工作，一般只测设控制桩，不设置龙门桩和龙门板。

2. 基础工程施工测量

（1）基槽抄平

1）水平桩的设置。建筑施工中对基槽的高程测设，又称抄平。

为了控制基槽的开挖深度，当快挖到槽底设计标高时，应用水准仪根据地面上 ±0.000

点，在槽壁上测设一些水平小木桩（称为水平桩），如图 5-36 所示，使木桩的上表面离槽底的设计标高为一固定值（如 0.500m）。

为了施工时使用方便，一般在槽壁各拐角处、深度变化处和基槽壁上每隔 3~4m 测设一水平桩。

水平桩可作为挖槽深度、修平槽底和打基础垫层的依据。

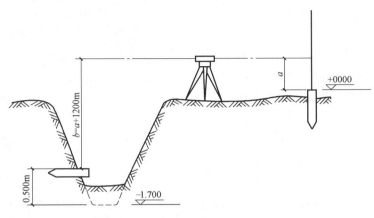

图 5-36　设置水平桩

2）水平桩的测设。如图 5-36 所示，槽底设计标高为 -1.700m，欲测设比槽底设计标高高 0.500m 的水平桩，测设方法如下：

① 在地面适当地方安置水准仪，±0.000 标高线位置上立水准尺，读取后视读数为 1.318m。

② 计算测设水平桩的应读数前视读数 $b_{应}$ 为

$$b_{应} = a - h = 1.318 - (1.700 + 0.500) = 2.518m$$

③ 在槽内一侧立水准尺，并上下移动，直至水准仪视线读数为 2.518m 时，沿水准尺尺底在槽壁打入一小木桩。

（2）基层放样

1）在基础垫层打好后，根据龙门板上的轴线钉或轴线控制桩，用经纬仪或用拉绳挂垂球的方法，把轴线投测到垫层面上，如图 5-37 所示，并用墨线弹出墙中心线和基础边线，作为砌筑基础的依据。由于整个墙身砌筑均以此线为准，所以要进行严格校核。

2）垫层面标高的测设是以槽壁水平桩为依据在槽壁弹线，或在槽底打入小木桩进行控制。如果垫层需支架模板，则可以直接在模板上弹出标高控制线。

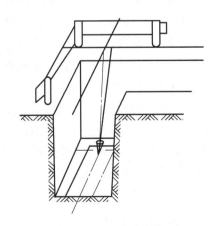

图 5-37　垫层中线的投测

（3）基础墙标高的控制。墙中心线投在垫层上，用水准仪检测各墙角垫层面标高后，即可开始基础墙体±0.000 以下的墙的砌筑，基础墙体的高度是用基础皮数杆来控制的，如图 5-38 所示。

基础皮数杆是一根木制的杆子，在杆上事先按照设计尺寸，将砖、灰缝厚度画出线条，并标明±0.000 和防潮层的标高位置。

立皮数杆时，先在立杆处打一木桩，用水准仪在木桩侧面定出一条高于垫层某一数值（如 100mm）的水平线，然后将皮数杆上标高相同的一条线与木桩上的水平线对齐，并用大铁钉把皮数杆与木桩钉在一起，作为基础墙的标高依据。

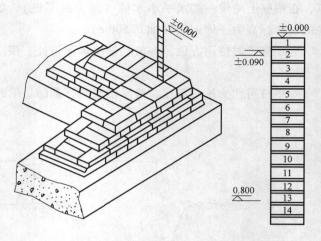

图 5-38　基础墙标高的控制

（4）基础面标高的检查。基础施工结束后，应检查基础面的标高是否符合设计要求（也可检查防潮层）。可用水准仪测出基础面上若干点的高程和设计高程比较，允许误差为±10mm。

1）按照基础大样图上的基槽宽度，再加上口放坡的尺寸，计算出基槽开挖边线的宽度。由桩中心向两边各量基槽开挖边线宽度的一半，作出记号。在两个对应的记号点之间拉线，在拉线位置撒上白灰，就可以按照白灰线位置开挖基槽。

2）为了控制基槽的开挖深度，当基槽挖到一定的深度后，用水准测量的方法在基槽壁上、离坑底设计标高 0.3~0.5m 处、每隔 2~3m 和拐点位置，设置一些水平桩，如图 5-39 所示。

3）基槽开挖完成后，应根据控制桩或龙门板，复核基槽宽度和槽底标高，合格后，方可进行垫层施工。

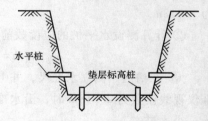

图 5-39　垫层施工测量

4）如图 5-39 所示，基槽开挖完成后，应在基坑底设置垫层标高桩，使桩顶面的标高等于垫层设计标高，作为垫层施工的依据。

5）垫层施工完成后，根据控制桩（或龙门板），用拉线的方法，吊垂球将墙基轴线投测到垫层上，用墨斗弹出墨线，用红油漆画出标记。墙基轴线投测完成后，应按设计尺寸复核。

3. 墙体施工测量

（1）墙体定位

1）利用轴线控制桩或龙门板上的轴线和墙边线标志，用经纬仪或拉细绳挂垂球的方法将轴线投测到基础面上或防潮层上。

2）用墨线弹出墙中心线和墙边线。

3) 检查外墙轴线交角是否等于 90°。

4) 把墙轴线延伸并画在外墙基础上，如图 5-40 所示，作为向上投测轴线的依据。

5) 把门、窗和其他洞口的边线，也在外墙基础上标定出来。

（2）墙体各部位标高的控制

在墙体施工中，墙体各部位标高通常也是用皮数杆控制的。

1) 在墙体皮数杆上，根据设计尺寸，按砖、灰缝的厚度画出线条，并标明 0.000m、门、窗、楼板等的标高位置，如图 5-41 所示。

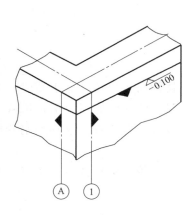

图 5-40　墙体定位

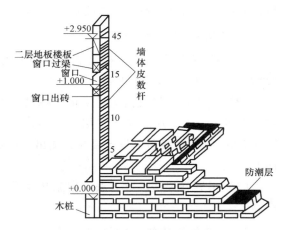

图 5-41　墙体皮数杆的设置

2) 墙体皮数杆的设立与基础皮数杆相同，使皮数杆上的 0.000 标高与房屋的室内地坪标高相吻合。在墙的转角处，每隔 10～15m 设置一根皮数杆。

3) 在墙体砌起 1m 以后，就在室内墙体上定出 +0.500m 的标高线，供该层地面施工和室内装修用。

4) 第二层以上墙体施工中，为了使皮数杆在同一水平面上，要用水准仪测出楼板四角的标高，取平均值作为地坪标高，并以此作为立皮数杆的标志。

框架结构的民用建筑，墙体砌筑是在框架施工后进行的，故可在柱面上画线，代替皮数杆。

4. 建筑物的轴线投测

在多层建筑墙体砌筑过程中，为了保证建筑物轴线位置正确，可用吊垂球或经纬仪将轴线投测到各层楼板边缘或柱顶上。

（1）吊垂球法

1) 首先将较重的垂球悬吊在楼板或柱顶边缘，当垂球尖对准基础墙面上的轴线标志时，线在楼板或柱顶边缘的位置即是楼层轴线端点位置，画出标志线。

2) 各轴线的端点投测完后，用钢卷尺检核各轴线的间距，符合要求后，继续施工，同时轴线逐层自下向上传递。

吊垂球法简便易行，不受施工场地限制，一般能保证施工质量。但当有风或建筑物较高时，投测误差较大，应采用经纬仪投测法。

（2）经纬仪投测法

1）如图 5-42 所示，在轴线控制桩上安置经纬仪，严格整平。

2）瞄准基础墙面上的轴线标志，用盘左、盘右分中投点法，将轴线投测到楼层边缘或柱顶上。

3）将所有端点投测到楼板上之后，用钢卷尺检核其间距，相对误差不得大于 1/2000。检查合格后，才能在楼板分间弹线，继续施工。

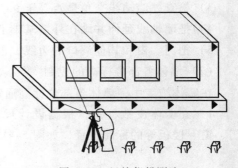

图 5-42　经纬仪投测法

5. 建筑物的标高传递

（1）利用皮数杆传递标高。具体方法可参见"墙体各部位标高控制"内容。

（2）利用钢卷尺直接丈量来传递标高。如果某建筑物标高传递精度要求高时，可用钢卷尺直接丈量来传递。对于二层以上的各层，每砌高一层，就在楼梯间用钢卷尺从下层的"+0.500m"标高线向上量出层高，测出上一层的"+0.500m"标高线，这样用钢卷尺逐层向上引测。

（3）吊钢卷尺法。此方法是用悬挂钢卷尺代替水准尺，用水准仪读数，从下向上传递标高。

6. 复杂民用建筑物的施工测量

近年来，随着旅游建筑、公共建筑的发展，在施工测量中经常遇到各种平面图形比较复杂的建筑物和构筑物，如圆弧形、椭圆形、双曲线形和抛物线形等。测设这样的建筑物，要根据平面曲线的数学方程式，根据曲线变化的规律，进行适当的计算，求出测设数据。然后按建筑设计总平面图的要求，利用施工现场的测量控制点和一定的测量方法，先测设出建筑物的主要轴线，根据主要轴线再进行细部测设。测设椭圆的方法有如下三种。

（1）直线拉线法。直接拉线椭圆放样如图 5-43 所示。

（2）四心圆法。先在图纸上求出四个圆心的位置和半径值，再到实地去测设。实地测设时，椭圆可当成四段圆弧进行测设。

（3）坐标计算法。通过椭圆中心建立直角坐标系，椭圆的长、短轴即为该坐标系的 x、y 轴。直角坐标椭圆放样如图 5-44 所示。

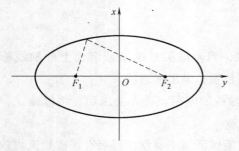

图 5-43　直接拉线椭圆放样

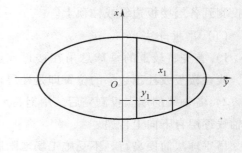

图 5-44　直角坐标椭圆放样

5.5 高层建筑施工测量

1. 高层建筑施工测量的主要任务

高层建筑施工测量的主要任务是将建筑物的基础轴线准确地向高层引测，并保证各层相应的轴线位于同一竖直面内，要控制与检核轴线向上投测的竖向偏差每层不超过 5mm，全楼层累计误差不大于 20mm。在高层建筑施工中，要由下层楼面向上层传递标高，以使上层楼板、门窗口、室内装修等工程的标高符合设计要求。

2. 高层建筑工程施工测量的特点

高层建筑的体形大、层数多、高度高、造型多样化、建筑结构复杂、设备和装修标准高，因此，在施工过程中对建筑物各部位的水平位置、轴线尺寸、垂直度和标高的要求都十分严格，对施工测量的精度要求也高（图 5-45）。

其次，因为高层建筑工程量大，机械化程度高，各工种立体交叉大，施工组织严密，因此施工测量应事先做好准备工作，密切配合工程进度，以便及时、快速和准确地进行测量放线，为进一步施工提供平面和标高依据。

高层建筑施工测量必须精准严格！

图 5-45　高层建筑施工测量要求严格，精度要求高

3. 高层建筑物的轴线投测精度要求

随着高层建筑物设计高度的增加，施工中对竖向偏差的控制要求就越高，轴线竖向投测的精度和方法也必须与其相适应。

对于不同结构的高层建筑施工的竖向精度有不同的要求，为了保证总的竖向施工误差不超限，层间垂直度测量偏差不应超过 3mm，建筑全高垂直测量偏差不应超过 $3H/10000$（H 为建筑物总高度），且不应大于：

30m$<H\leqslant$60m 时，±10mm。

60m$<H\leqslant$90m 时，±15mm。

$H>$90m 时，±20mm。

4. 外控法竖向投测

外控法竖向投测法又称"经纬仪引桩投测法"，操作方法为：

（1）将经纬仪安置在轴线控制桩 A_1、A_1'、B_1 和 B_1' 上，把建筑物主轴线精确地投测到建筑物的底部，并设立标志，如图 5-46

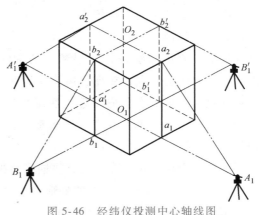

图 5-46　经纬仪投测中心轴线图

中的 a_1、$a_1{}'$、b_1 和 $b_1{}'$，以供下一步施工与向上投测之用。

（2）严格整平仪器，用望远镜瞄准建筑物底部已标出的轴线 a_1、$a_1{}'$、b_1 和 $b_1{}'$ 点，用盘左和盘右分别向上投测到每层楼板上，并取其中点作为该层中心轴线的投影点，如图 5-46 中的 a_2、$a_2{}'$、b_2 和 $b_2{}'$。

（3）当楼层逐渐增高，而轴线控制桩距建筑物又较近时，操作不便，投测精度也会降低，需要将原中心轴线控制桩引测到更远更安全的地方或附近大楼的屋面，具体操作如下：

1）将经纬仪安置在已经投测上去的较高层（如第十层）楼面轴线 $a_{10}a_{10}{}'$ 上，如图 5-47 所示。

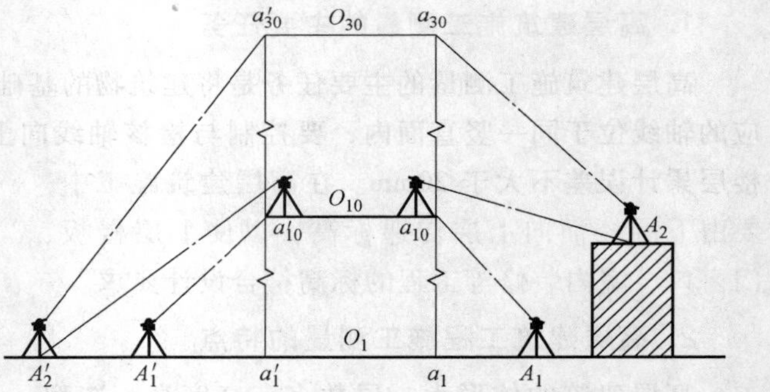

2）瞄准地面上原有的轴线控制

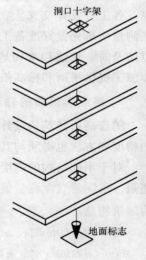

图 5-47　经纬仪引桩投测

桩 A_1 和 $A_1{}'$ 点，用盘左、盘右分中投点法，将轴线延长到远处 A_2 和 $A_2{}'$ 点，并用标志固定其位置，A_2、$A_2{}'$ 即为新投测的 A_1、$A_1{}'$ 轴控制桩。

3）更高层的中心轴线，可将经纬仪安置在新的引桩上，按上述方法继续测设。

5. 内控法投测

（1）如图 5-48 所示，事先在基层地面上埋设轴线点的固定标志，轴线点之间应构成矩形或十字形等，作为整个高层建筑的轴线控制网。

（2）投测时，在施工层楼面上的预留孔上安置挂有吊垂球的十字架，慢慢移动十字架，当吊锤尖静止地对准地面固定标志时，十字架的中心就是应投测的点，在预留孔四周作上标志即可，标志连线交点便是从首层投上来的轴线点，同理测设其他轴线点。

6. 垂准仪法

垂准仪法是利用能提供铅直向上（或向下）视线的专用测量仪器进行竖向投测。常用的仪器有垂准经纬仪、激光经纬仪和激光垂准仪等。垂准仪法进行高层建筑的轴线投测，具有占地小、精度高、速度快的优点，在高层建筑施工中用得越来越多。

图 5-48　吊垂球法投测

垂准仪法同样需要事先在建筑底层设置轴线控制网，建立稳固的轴线标志，在标志上方每层楼板都预留孔洞（大于 15cm×15cm），供视线通过，如图 5-49 所示。

下面以激光铅垂仪法介绍建筑物轴线的投测方法。

图 5-50 所示为激光铅垂仪的外形，它主要由氦氖激光管、精密竖轴、发射望远镜、水准器、基座、激光电源及接收屏组成。

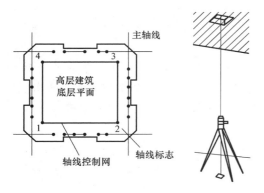

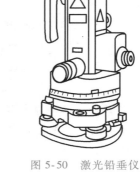

图 5-49　轴线控制桩与投测孔

图 5-50　激光铅垂仪

（1）如图 5-51 所示，在首层轴线控制点上安置激光铅垂仪，利用激光器底端（全反射棱镜端）所发射的激光束进行对中，通过调节基座整平螺旋，使水准器气泡严格居中。

（2）再在上层施工楼面预留孔处旋转接受靶。

（3）接通激光电源，启动激光器发射铅直激光束，通过发射望远镜调焦，使激光束会聚成红色耀目光斑，投射接受靶上。

（4）移动接受靶，使靶心与红色光斑重合，固定接受靶，并在预留孔四周作出标记，此时，靶心位置即为轴线控制点在该楼面上的投测点。

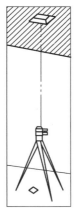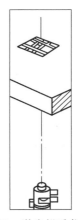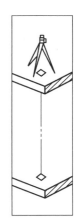

图 5-51　激光铅垂仪投测

 本章小结及综述

通过本章学习，读者应侧重掌握建筑施工测量的方法，总的来说，可以概括为以下六点：

1. 施工测量是以控制点为基础，根据图纸上的建筑物的设计依据，计算出建（构）筑物各特征点与控制点之间的距离、角度、高差等数据。将建（构）筑物的特征点在实地标定出来，以便施工，这项工作称为测设，又称施工放样。

2. 施工测量的目的与一般测图工作相反。它是按照设计和施工的要求将设计的建（构）筑物的平面位置和高程测设在地面上，作为施工依据并在施工的过程中进行一系列的测量工作，以衔接和指导各工序之间的施工。

3. 施工测量主要内容包括：施工前施工控制网的建立，施工期间将图纸上所设计建（构）筑物的平面位置和高程标定在实地上的测设工作，工程竣工后测绘各种建（构）筑物建成后的实际情况的竣工测量，以及在施工和管理期间测定建筑物的平面和高程方面产生位移和沉降的变形观测。

4. 建筑工程测量的主要任务包括：①测绘大比例尺地形图；②建筑物施工测量；③建筑物变形观测。

5. 由于在勘察设计阶段所建立的控制网，是为测图而建立的，有时并未考虑施工的需要，因此，控制点的分布、密度和精度，都难以满足施工测量的要求，另外，在平整场地时，大多控制点被破坏，所以施工前，在建筑场地应重新建立专门的施工控制网。

6. 高层建筑物施工测量中的主要问题是控制垂直度，就是将建筑物的基础轴线准确地向高层引测，并保证各层相应轴线位于同一竖直面内，控制竖向偏差，使轴线向上投测的偏差值不超限。

第 6 章

建筑物变形观测

本章重点难点提示

1. 了解沉降观测对观测点的要求。
2. 掌握沉降观测的观测点形式及埋设方式。
3. 掌握建筑沉降观测的具体操作方法。
4. 掌握建筑物倾斜观测的分类及方法。
5. 熟悉建筑物位移观测的工作内容。
6. 熟悉建筑物裂缝观测的标志及一般要求。

6.1 建筑物沉降观测

1. 观测点的要求（图 6-1）

（1）观测点本身应牢固稳定，确保点位安全，能长期保存。

（2）观测点的上部必须为突出的半球形状或有明显的突出之处，与柱身或墙体保持一定的距离。

（3）要保证在点上能垂直置尺和良好的通视条件。

2. 观测点的形式与埋设

（1）设备基础观测点的形式及埋设一般利用铆钉（图 6-2）或钢筋来制作，然后将其埋入混凝土内，其形式如下：

1）垫板式：用长 60mm、直径 20mm 的铆钉，下焊 40mm×10mm×50mm 的钢板，如图

图 6-1　观测点要求

图 6-2　铆钉

6-3 a 所示。

2）变钩式：将长约 100mm、直径 20mm 的铆钉一端弯成直角，如图 6-3b 所示。

3）燕尾式：将长 80~100mm、直径 20mm 的铆钉，在尾部中间劈开，做成夹角为 30°左右的燕尾形，如图 6-3c 所示。

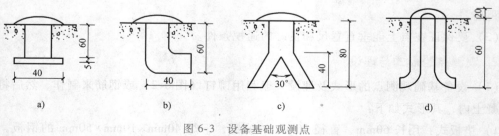

图 6-3　设备基础观测点

4）U 字式：用直径 20mm、长约 220mm 左右的钢筋弯成 "U" 形，倒埋在混凝土之中，如图 6-3d 所示。

如观测点使用期长，应埋设有保护盖的永久性观测点，如图 6-4 a 所示。对于一般工程，如因施工紧张而观测点加工不及时，可用直径 20~30mm 的铆钉或钢筋头（上部锉成半球状）埋置于混凝土中作为观测点，如图 6-4 b 所示。

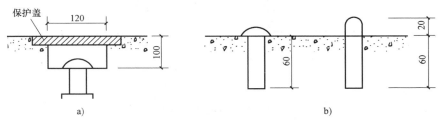

图 6-4　永久性观测点

（2）建筑沉降观测点的形式和埋设

1）预制墙式观测点，如图 6-5 所示，它由混凝土预制而成，其大小可做成普通黏土砖规格的 1~3 倍，中间嵌以角钢，角钢棱角向上，并在一端露出 50mm。在砌砖墙勒脚时，将预制块砌入墙内，角钢露出端与墙面夹角为 50°~60°。

2）利用直径 20mm 的钢筋，一端弯成 90°角，一端制成燕尾形埋入墙内，如图 6-6 所示。

3）用长 120mm 的角钢，在一端焊一铆钉头，另一端埋入墙内，并以 1:2 水泥砂浆填实，如图 6-7 所示。

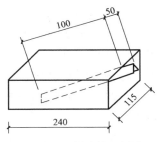

图 6-5　预制墙式观测点

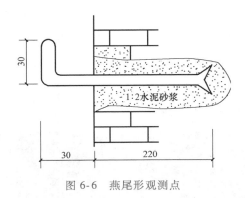

图 6-6　燕尾形观测点

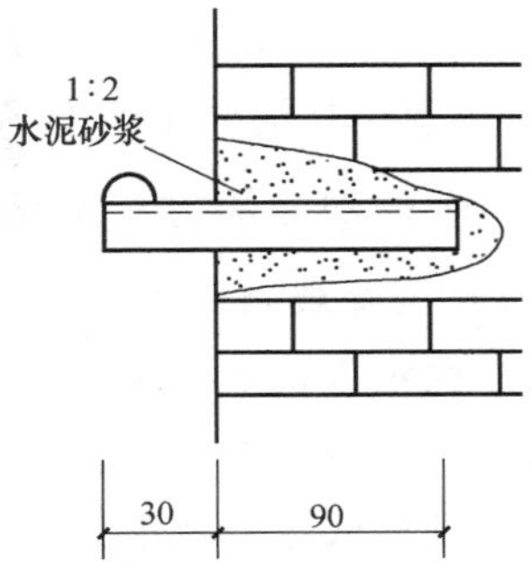

图 6-7　角钢埋设观测点

（3）柱身观测点的形式及设置

1）钢筋混凝土柱，用錾子在柱子±0.000 标高以上的 10~50cm 处凿洞（或在预制时留孔），将直径 20mm 以上的钢筋或铆钉，制成弯钩形，平向插入洞内，再以 1:2 水泥砂浆填实，如图 6-8 a 所示。亦可用角钢作为标志，埋设时使其与柱面呈 50°~60° 的倾斜角，如图 6-8b 所示。

2）将角钢的一端切成使脊背与钢柱柱面呈 50°~60° 的倾斜角，将此端焊在钢柱上，如

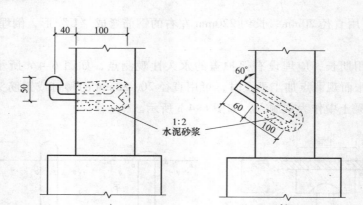

图 6-8 钢筋混凝土柱观测点

图 6-9a 所示；或者将铆钉弯成钩形，将其一端焊在钢柱上，如图 6-9b 所示。

（4）注意事项

1）铆钉或钢筋埋在混凝土中露出的部分，不宜过高或太低，高了易被碰斜撞弯；低了不易寻找，而且水准尺置在点上会与混凝土面接触，影响观测质量。

2）观测点应垂直埋设，离基础边缘的间距不得小于 50mm，埋设后将四周混凝土压实，等混凝土凝固后用红油漆编号。

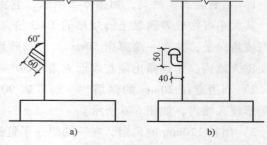

图 6-9 钢柱观测点

3）埋点应在基础混凝土将达到设计标高时进行。如混凝土已凝固须增设观测点时，可用錾子在混凝土面上确定的位置凿一洞，将标志埋入，再以 1∶2 水泥砂浆灌实。

3. 沉降观测的方法及规定

（1）沉降观测工作要求（图 6-10）

1）固定人员观测和整理成果。

2）固定使用的水准仪及水准尺。

3）使用固定的水准点。

4）按规定的日期、方法及路线进行观测。

（2）沉降观测的时间和次数

1）较大荷重增加前后（如基础浇筑、回填土、安装柱子、房架、砖墙每砌筑一层楼、设备安装、设备运转、工业炉砌筑期间、烟囱每增加 15m 左右等），均应进行观测。

图 6-10 沉降观测工作要求

2）如施工期间中途停工时间较长，应在停工时和复工前进行观测。

3）当基础附近地面荷重突然增加，周围大量积水及暴雨后或周围大量挖方等，均应观测（图 6-11）。

图 6-11 大量积水及暴雨后均应观测

工程投入生产后，应连续进行观测，观测时间的间隔可按沉降量大小及速度而定，在开始时间隔短一些。以后随着沉降速度的减慢，可逐渐延长，直到沉降稳定为止。

（3）沉降观测点首次高程测定和对使用仪器的要求

1）沉降观测首次观测的高程值是以后各次观测用以进行比较的根据，如初测精度不够或存在错误，不仅无法补测，而且会造成沉降工作中的矛盾现象，因此必须提高初测精度。如有条件，最好采用 N2 或 N3 类型的精密水准仪进行首次高程测定。同时每个沉降观测点首次高程应在同期进行两次观测后决定。

2）对于一般精度要求的沉降观测，要求仪器的望远镜放大率不得小于 24 倍，气泡灵敏度不得大于 15″/2mm（有符合水准器的可放宽 1 倍）。可以采用适合四等水准测量的水准仪。但精度要求较高的沉降观测，应采用相当于 N2 级或 N3 级的精密水准仪。

4. 建筑沉降观测

（1）建筑沉降观测应测定建筑及地基的沉降量、沉降差及沉降速度并计算基础倾斜、局部倾斜、相对弯曲及构件倾斜。

（2）沉降观测点的布置，应以能全面反映建筑及地基变形特征并结合地质情况及建筑结构特点确定。点位宜选设在下列位置：

1）建筑的四角、大转角处及沿外墙每 10~15m 处或每隔 2~3 根柱基上。

2）高低层建筑、新旧建筑、纵横墙等交接处的两侧。

3）建筑裂缝和沉降缝两侧、基础埋深相差悬殊处、人工地基与天然地基接壤处、不同结构的分界处及填挖方分界处。

4）宽度大于或等于 15m、小于 15m 而地质复杂以及膨胀土地区的建筑，在承重内隔墙中部设内墙点，并在室内地面中心及四周设地面点。

5）邻近堆置重物处、受振动有显著影响的部位及基础下的暗浜（沟）处。

6）框架结构建筑的每个或部分柱基上或沿纵横轴线设点。

7）筏形基础、箱形基础底板或接近基础的结构部分的四角处及其中部位置。

8）重型设备基础和动力设备的四角、基础形式或埋深改变处以及地质条件变化处两侧。

9）电视塔（图 6-12）、烟囱（图 6-13）、水塔、油罐（图 6-14）、炼油塔、高炉等高耸建筑，沿周边在与基础轴线相交的对称位置上布点，点数不少于 4 个。

图 6-12　电视塔

图 6-13　烟囱

图 6-14　油罐

（3）沉降观测的标志，可根据不同的建筑结构类型和建筑材料，采用墙（柱）标志、基础标志和隐蔽式标志等形式。各类标志的立尺部位应加工成半球形或有明显的突出点，并涂上防腐剂。标志的埋设位置应避开如雨水管（图 6-15）、窗台线（图 6-16）、散热器、暖

图 6-15　雨水管

图 6-16　窗台线

水管、电气开关等有碍设标与观测的障碍物，并应视立尺需要离开墙（柱）面和地面一定距离。

（4）沉降观测点的施测精度，应按有关规定确定。

（5）沉降观测的周期和观测时间，可按下列要求并结合具体情况确定：

1）建筑施工阶段的观测，应随施工进度及时进行。一般建筑，可在基础完成后或地下室砌完成后开始观测，大型建筑、高层建筑，可在基础垫层或基础底部完成后开始观测。观测次数与间隔时间应视地基与加荷情况而定。民用建筑可每加高 1~5 层观测 1 次；工业建筑可按不同施工阶段（如回填基坑、安装柱子和屋架、砌筑墙体、设备安装等）分别进行观测。如建筑物均匀增高，应至少在增加荷载的 25%、50%、75% 和 100% 时各测 1 次。施工过程中如暂时停工，在停工时及重新开工时应各观测 1 次。停工期间，可每隔 2~3 个月观测 1 次。

2）建筑物使用阶段的观测次数，应视地基土类型和沉降速率大小而定。除有特殊要求者外，一般情况下，可在第一年观测 3~4 次，第二年观测 2~3 次，第三年后每年观测 1 次，直至稳定为止。

3）在观测过程中，如有基础附近地面荷载突然增减、基础四周大量积水、长时间连续降雨等情况，均应及时增加观测次数。当建筑物突然发生大量沉降、不均匀沉降或严重裂缝时，应立即进行逐日或 2~3d 一次的连续观测。

4）沉降是否进入稳定阶段，应由沉降量与时间关系曲线判定。当最后 100d 的沉降速率小于 0.01~0.04mm/d 时，可认为已进入稳定阶段，具体取值宜根据各地区地基土的压缩性确定。

（6）沉降观测点的观测方法和技术要求，除按有关规定执行外，还应符合下列要求：

1）对特级、一级沉降观测，应按《建筑变形测量规范》（JGJ8—2007）第 4.4 节的规定执行。

2）对二级、三级观测点，除建筑物转角点、交接点、分界点等主要变形特征点外，可允许使用间视法进行观测，但视线长度不得大于相应等级规定的长度。

3）观测时，仪器应避免安置在有空气压缩机、搅拌机、卷扬机等振动影响的范围内，塔式起重机（图 6-17）等施工机械附近也不宜设站。

图 6-17　塔式起重机

4）每次观测应记载施工进度、荷载量变动、建筑物倾斜裂缝等各种影响沉降变化和异常的情况。

（7）每周期观测后，应及时对观测资料进行整理，计算观测点的沉降量、沉降差以及本周期平均沉降量和沉降速度。如需要可按下式计算变形特征值。

1）基础倾斜 α：

$$\alpha = (s_A - s_B)/L$$

式中　s_A——基础倾斜方向端点 A 的沉降量（mm）；

　　　s_B——基础倾斜方向端点 B 的沉降量（mm）；

　　　L——基础两端点（A，B）间的距离（mm）。

2）基础相对弯曲 f_c：

$$f_c = [2s_0 - (s_1 + s_2)]/L$$

式中　s_0——基础中点的沉降量（mm）；

　s_1、s_2——基础两个端的沉降量；

　　　L——基础两个端点间的距离（mm）。

注：弯曲量以向上凸起为正，反之为负。

（8）观测工作结束后，应提交下列成果：

1）工程平面位置图及基准点分布图。

2）沉降观测点位分布图。

3）沉降观测成果表。

4）时间-荷载-沉降量曲线图。

5）等沉降曲线图。

6.2　建筑物倾斜观测

1. 一般建筑物的倾斜观测

（1）直接观测法。在观测之前，要用经纬仪在建筑物同一个竖直面的上、下部位，各设置一个观测点，如图 6-18 所示 M 为上观测点，N 为下观测点。如果建筑物发生倾斜，则 MN 连线随之倾斜。观测时，在距离大于建筑物高度的地方安置经纬仪，照准上观测点 M，用盘左、盘右分中法将其向下投测得 N' 点，如 N' 点与 N 点不重合，则说明建筑物产生倾斜，N' 点与 N 点之间的水平距离 d 即为建筑物的倾斜值。若建筑物高度为 H，则建筑物的倾斜度为

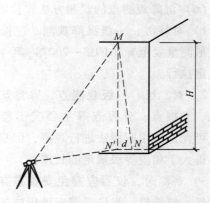

图 6-18　直接观测法测倾斜

$$i = \frac{d}{H}$$

（2）间接观测法。建筑物发生倾斜，主要是地基的不均匀沉降造成的，如通过沉降观测测出了建筑物的不均匀沉降量 Δh，如图 6-19 所示，则偏移值可由下式计算：

$$\delta = \frac{\Delta h}{L} H$$

式中　δ——建筑物上、下部相对位移值;

　　Δh——基础两端点的相对沉降量;

　　L——建筑物的基础宽度;

　　H——建筑物的高度。

2. 塔式建筑物的倾斜观测

（1）纵、横轴线法。如图 6-20 所示，以烟囱为例，先在拟测建筑物的纵、横两轴线方向上距建筑物 1.5~2 倍建筑物高处选定两个点作为测站，图中为 M_1 和 M_2。在烟囱横轴线上布设观测标志 A、B、C、D 点，在纵轴线上布设观测标志 E、F、G、H 点，并选定远方通视良好的固定点 N_1 和 N_2 作为零方向。

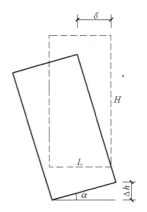

图 6-19　间接观测法测倾斜

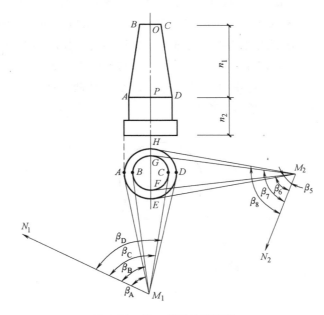

图 6-20　纵、横轴法测倾斜

观测时，首先在 M_1 设点，以 N_1 为零方向，以 A、B、C、D 为观测方向，用 J2 经纬仪按方向观测法观测两个测回（若用 J6 经纬仪应测四个测回），得方向值分别为 β_A、β_B、β_C 和 β_D，则上部中心 O 的方向值为 $(\beta_B+\beta_C)/2$；下部中心 P 的方向值为 $(\beta_A+\beta_D)/2$，则 O、P 在纵轴线方向水平夹角 θ_1 为

$$\theta_1 = \frac{(\beta_A+\beta_D)-(\beta_B-\beta_C)}{2}$$

若已知 M_1 点至烟囱底座中心水平距离 L_1，则在纵轴线方向的倾斜位移量 δ_1 为

$$\delta_1 = \frac{\theta_1}{\rho''}L_1$$

则

$$\delta_1 = \frac{(\beta_A + \beta_D) - (\beta_B + \beta_C)}{2\rho''} L_1$$

所以，在 M_2 设点，以 N_2 为零方向测出 E、F、G、H 各点方向值 β_E、β_F、β_G 和 β_H，可得横轴线方向的倾斜位移量 δ_2 为

$$\delta_2 = \frac{(\beta_E + \beta_H) - (\beta_F + \beta_G)}{2\rho''} L_2$$

其中，L_2 为 M_2 点至烟囱底座中心的水平距离。则总倾斜的偏移值为

$$\delta = \sqrt{\delta_1^2 + \delta_2^2}$$

（2）前方交会法。当塔式建筑物很高，且周围环境又不便采用纵、横轴线法时，可采用前方交会法进行观测。

如图 6-21 所示（俯视图），O' 为烟囱顶部中心位置，O 为底部中心位置，烟囱附近布设基线 MN，M、N 需选在稳定且能长期保存的地方，条件困难时也可选在附近稳定的建筑顶面上。MN 的长度一般不大于 5 倍的建筑物高度，交会角应尽量接近 $60°$。首先安置经纬仪于 M 点，测顶部 O' 两侧切线与基线的夹角，取其平均值，如图 6-21 中的 α_1。再安置经纬仪于 N 点，测定顶部 O' 两侧切线与基线的夹角，取其平均值，如图 6-21 中 β_1，利用前方交会公式计算出 O' 的坐标，同法可得 O 点的坐标，则 O'、O 两点间的平距 $D_{OO'}$，可由坐标反算公式求得，实际上 $D_{OO'}$ 即为倾斜偏移值 δ。

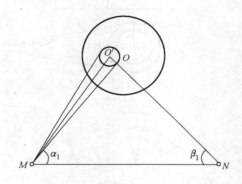

图 6-21　前方交会法测倾斜

6.3　建筑物位移观测

1. 位移观测的一般规定

（1）建筑位移观测可根据需要，分别或组合测定建筑主体倾斜、水平位移、挠度和基坑壁侧向位移，并对建筑场地滑坡进行监测。

（2）位移观测应根据建筑的特点和施测要求做好观测方案的设计和技术准备工作，并取得委托方及有关人员的配合。

（3）位移观测的标志应根据不同建筑的特点进行设计。标志应牢固、适用、美观。若受条件限制或对于高耸建筑，也可选定变形体上特征明显的塔尖、避雷针、圆柱（球）体边缘等作为观测点。对于基坑等临时性结构或岩土体，标志应坚固、耐用、便于保护

（4）位移观测可根据现场作业条件和经济因素选用视准线法、测角交会法或方向差交会法、极坐标法、激光准直法、投点法、测小角法、测斜法、正倒垂线法、激光位移计门动测记法、GPS 法、激光扫描法或近景摄影测量法等。

（5）各类建筑位移观测应根据相关规范规定及时提交相应的阶段性成果和综合成果。

2．建筑主体倾斜观测

（1）建筑主体倾斜观测应测定建筑顶部观测点相对于底部固定点或上层相对于下层面测点的倾斜度、倾斜方向及倾斜速率。刚性建筑的整体倾斜，可通过测量顶面或基础差异沉降来间接确定。

（2）主体倾斜观测点和测站点的布设应符合下列要求：

1）当从建筑外部观测时，测站点的点位应选在与倾斜方向成正交的方向线上距照准目标 1.5~2.0 倍目标高度的固定位置。当利用建筑内部竖向通道观测时，可将通道底部中心点作为测站点。

2）对于整体倾斜，观测点及底部固定点应沿着对应测站点的建筑主体竖直线，在顶部和底部上下对应布设；对于分层倾斜，应按分层部位上下对应布设。

3）按前方交会法布设的测站点，基线端点的选设应顾及测距或长度丈量的要求。按方向线水平角法布设的测站点，应设置好定向点。

（3）主体倾斜观测点位的标志设置应符合下列要求：

1）建筑顶部和墙体上的观测点标志可采用埋入式照准标志。当有特殊要求时，应专门设计。

2）不便埋设标志的塔形、圆形建筑以及竖直构件，可以照准视线所切同高边缘确定的位置或用高度角控制的位置作为观测点位。

3）位于地面的测站点和定向点，可根据不同的观测要求，使用带有强制对中装置的观测墩或混凝土标石。

4）对于一次性倾斜观测项目，观测点标志可采用标记形式或直接利用符合位置与照准要求的建筑特征部位，测站点可采用小标石或临时性标志。

（4）主体倾斜观测的精度可根据给定的倾斜量允许值，当由基础倾斜间接向建筑整体倾斜时，基础差异沉降的观测精度应按相关规范规定确定。

（5）主体倾斜观测的周期可视倾斜速度每 1~3 个月观测一次。当遇基础附近因大量堆载或缺载、场地降雨长期积水等而导致倾斜速度加快时，应及时增加观测次数。倾斜观测应避开强日照和风荷载影响大的时间段。

（6）当从建筑或构件的外部观测主体倾斜时，宜选用下列经纬仪观测法：

1）投点法。观测地应在底部观测点位置安置水平读数尺等量测设施。在每测站安置经纬仪投影时，应按正倒镜法测出每对上下观测点标志间的水平位移分量，再按矢量相加法求得水平位移值（倾斜量）和位移方向（倾斜方向）。

2）测水平角法。对塔形、圆形建筑或构件，每测站的观测应以定向点作为零方向，测出各观测点的方向值和至底部中心的距离，计算顶部中心相对底部中心的水平位移分量。对矩形建筑，可在每测站直接观测顶部观测点与底部观测点之间夹角或上层观测点与下层观测点之间夹角，然后通过测角值与距离计算整体的或分层的水平位移分量和位移方向。

3）前方交会法。所选基线应与观测点组成最佳构形，交会角宜在 60°~120° 之间。水平位移计算，可采用直接由两周期观测方向值之差解算坐标变化量的方向差交会法。亦可采用按每周期计算观测点坐标值，再以坐标差计算水平位移的方法。

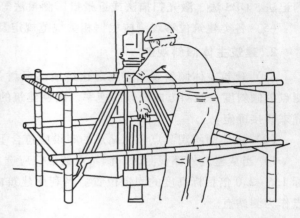

（7）当利用建筑或构件的顶部与底部之间的竖向通视条件进行主体倾斜观测时，宜选用下列观测方法：

1）激光铅垂仪观测法（图 6-22）。应在顶部适当位置安置接收靶，在其垂线下的地面或地板上安置激光铅垂仪或激光经纬仪，按一定周期观测，在接收靶上直接取或量出顶部的水平位移量和位移方向。作业中仪器应严格置平、对中，应旋

图 6-22　激光铅垂仪观测法

转 180° 观测两次取其中数。对超高层建筑，当仪器设在楼体内部时，应考虑大气湍流影响。

2）激光位移计自动记录法。位移计宜安置在建筑底层或地下室地板上，接收装置可设在顶层或需要观测的楼层，激光通道可利用未使用的电梯井或楼梯间隔，测试室宜选在靠近顶部的楼层内。当位移计发射激光时，从测试室的光线示波器上可直接获取位移图像及有关参数，并自动记录成果。

3）正、倒垂线法（图 6-23）。垂线宜选用直径 0.6~1.2mm 的不锈钢丝（图 6-24）或因瓦丝，并采用无缝钢管保护。采用正垂线法时，垂线上端可锚固在通道顶部或所需高度处置的支点上。采用倒垂线法时，垂线下端可固定在锚块上，上端设浮筒。用来稳定重锤、浮子的油箱中应装有阻尼液。观测时，由观测墩上安置的坐标仪、光学垂线仪、电感式垂线仪等量测设备，按一定周期测出各测点的水平位移量。

4）吊垂球法。应在顶部或所需高度处的观测点位置上，直接或支出一点悬挂适当重量的垂球，在垂线下的底部固定毫米格网读数板等读数设备，直接读取或量出上部观测点相对底部观测点的水平位移量和位移方向。

（8）当利用相对沉降量间接确定建筑整体倾斜时，可选用下列方法：

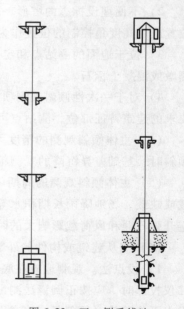

图 6-23　正、倒垂线法

1）倾斜仪测记法。可采用水管式倾斜仪、水平摆倾斜仪、气泡倾斜仪或电子倾斜仪（图6-25）进行观测。倾斜仪应具有连续读数、自动记录和数字传输的功能。监测建筑上部层面倾斜时，仪器可安置在建筑顶层或需要观测的楼层的楼板上。监测基础倾斜时，仪器可安置在基础面上，以所测楼层或基础面的水平倾角变化值反映和分析建筑倾斜的变化程度。

图6-24　不锈钢丝

图6-25　电子倾斜仪

2）测定基础沉降差法。在基础上选设观测点，采用水准测量方法，以所测各周期基础的沉降差换算求得建筑整体倾斜度及倾斜方向。

（9）倾斜观测应提交下列图表：

1）倾斜观测点位布置图。

2）倾斜观测成果表。

3）主体倾斜曲线图。

3．建筑位移水平观测

（1）建筑水平位移观测点的位置应选在墙角、柱基及裂缝两边等处。标志可采用墙上标志，具体形式及埋设应根据点位条件和观测要求确定。

（2）水平位移观测的周期，对于不良地基土地区的观测，可与一并进行的沉降观测协调确定；对于受基础施工影响的有关观测，应按施工进度的需要确定，可逐日或隔2～3d观测一次，直至施工结束。

（3）当测量地面观测点在特定方向的位移时，可使用视准线、激光准直、测边角等方法。

（4）当采用视准线法测定位移时，应符合下列规定：

1）在视准线两端各自向外的延长线上，宜埋设检核点。在观测成果的处理中，应顾及视准线端点的偏差改正。

2）采用活动觇牌法（图6-26）进行视准线测量时，观测点偏离视准线的距离不应超过活动觇牌读数尺的读数范围。应在视准线一端安置经纬仪或视准仪，瞄准安置在另一端的固定觇牌进行定向，待活动觇牌的照准标志正好移至方向线上时读数。每个观测点应按确定的测回数进行往测与返测。

3）采用小角法进行视准线测量时，视准线应按平行于待测建筑边线布置，观测点偏离视准线的偏角不应超过 30″。偏离值 d（图 6-27）可按下式计算：

$$d = \frac{\alpha}{\rho}D$$

式中　α——偏角，（″）；

　　　D——从观测端点到观测点的距离（m）；

　　　ρ——常数，其值为 206265″。

（5）当采用激光准直法测定位移时的要求：

1）使用激光经纬仪准直法时，当要求 $10^{-5} \sim 10^{-4}$ 量级准直精度时，可采用 DJ_2 型仪器配置氦-氖

图 6-26　活动觇牌

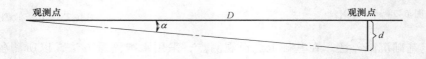

图 6-27　小角法

激光器（图 6-28）或半导体激光器的激光经纬仪及光电探测器或目测有机玻璃方格网板；当要求达到 10^{-6} 量级精度时，可采用 DJ_1 形仪器配置高稳定氦-氖激光器或半导体激光器的激光经纬仪及高精度光电探测系统。

图 6-28　氦-氖激光器

2）对于较长距离的高精度准直，可采用三点式激光衍射准直系统衍射频谱成像及投影成像激光准直系统。对短距离的高精度准直，可采用衍射式激光准直仪或连续成像衍射板准直仪。

3）激光仪器在使用前必须进行检校，仪器射出的激光束轴线、发射系统轴线和望远镜照准轴应三者重合，观测目标与最小激光斑应重合。

（6）当采用测边角法测定位移时，对主要观测点，可用该点为测站测出对应视准线端点的边长和角度，求得偏差值。对其他观测点，可选适宜的主要观测点为测站，测出对应其他观测点的距离与方向值，按坐标法求得偏差值。角度观测测回数与长度的丈量精度要求，应根据要求的偏差值观测中误差确定。测量观测点任意方向位移时，可视观测点的分布情况，采用前方交会或方向差交会及坐标等方法。单个建筑亦可采用直接量测位移分量的方向线法，在建筑纵、横轴线的相邻延长线上设置固定方向线，定期测出基础的纵向和横向位移。对于观测内容较多的大测区或观测点远离稳定地区的测区，宜采用测角、测边、边角及 GPS 与基准线法相结合的综合测量方法。

（7）水平位移观测应提交下列图表：

1）水平位移观测点位布置图。

2）水平化移观测成果表。

3）水平位移曲线图。

6.4 建筑物裂缝观测

不均匀沉降使建筑物发生倾斜，严重的不均匀沉降会使建筑物产生裂缝。因此，当建筑物出现裂缝时，除要增加沉降观测的次数外，还应立即进行裂缝观测（图6-29）。

1. 裂缝观测标志

观测裂缝需要进行标志的设置（图6-30），常用标志如下：

（1）石膏板标志

1）在裂缝处糊上宽 50～80mm 的石膏板。

2）石膏板干固后，用漆喷一条宽约 5mm 的横线，跨越裂缝两侧且垂直于裂缝，当裂缝发展时，石膏板随之

立即进行裂缝观测！

图 6-29　裂缝观测

开裂，每次测量红线处裂缝的宽度并作记录，从而可观察裂缝发展的情况。

（2）薄钢板标志

1）如图 6-31 所示，用两块薄钢板，一片约为 150mm×150mm，固定在裂缝的一侧，另一片为 50mm×200mm，固定在裂缝的另一侧，并使其中一部分紧贴在相邻的正方形薄钢板上。

2）当两块薄钢板固定好后，在其表面均匀涂上红色油漆，当裂缝继续发展，两块薄钢板将逐渐拉开，露出下面一块薄钢板上原被覆盖没有涂漆的部分，其宽度即为裂缝加大的宽

图 6-30　裂缝观测标志

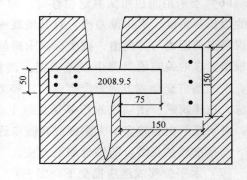

图 6-31　薄钢板标志

度，并用尺子量出，作记录。

（3）金属棒标志

1）如图 6-32 所示，在裂缝两边凿孔，将长约 10cm、直径 10mm 以上的钢筋头插入，并使其露出墙外约 2cm。

2）用水泥砂浆填实牢固。在两钢筋头埋设前，应先把钢筋一端锉平，在上面刻画十字线或中心点，作为量取其间距的依据。

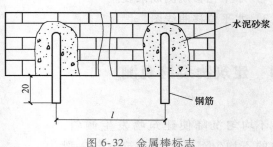

图 6-32　金属棒标志

3）待水泥砂浆凝固后，量出两金属棒之间的距离 l，并记录下来。以后如裂缝继续发展，金属棒的间距会不断加大。定期测量两棒之间的距离记录下来，并进行比较，即可掌握裂缝发展情况。

2．裂缝观测的一般要求

（1）裂缝观测应测定建筑物上的裂缝分布位置，裂缝的走向、长度、宽度及其变化程度。观测的裂缝数量视需要而定，主要的或变化的裂缝应进行观测。

（2）对需要观测的裂缝应统一进行编号。每条裂缝至少应布设两组观测标志，一组在裂缝最宽处，另一组在裂缝末端。每组标志由裂缝两侧各一个标志组成。

（3）裂缝观测标志，应具有可供量测的明晰端面或中心。观测期较长时，可采用镶嵌或埋入墙面的金属标志、金属杆标志或楔形板标志；观测期较短或要求不高时可采用油漆平行线标志或用建筑胶粘贴的金属片标志。要求较高、需要测出裂缝纵横向变化值时，可采用坐标方格网板标志。使用专用仪器设备观测的标志，可按具体要求另行设计。

（4）对于数量不多，易于量测的裂缝，可视标志形式不同，用比例尺、小钢直尺或游标卡尺等工具定期量出标志间距离求得裂缝变位值，或用方格网板定期读取"坐标差"计算裂缝变化值；对于较大面积且不便于人工量测的众多裂缝宜采用近景摄影测量方法；当需连续监测裂缝变化时，还可采用测缝计或传感器自动测记方法观测。

（5）裂缝观测的周期应视其裂缝变化速度而定。通常开始可半月测一次，以后一月左右测一次。当发现裂缝加大时，应增加观测次数，直至几天或逐日一次的连续观测。

（6）裂缝观测中，裂缝宽度数据应量取至 0.1mm，每次观测应绘出裂缝的位置、形态和尺寸，注明日期，附必要的照片资料。

（7）观测结束后，应提交下列成果（图6-33）：

1）裂缝分布位置图。

2）裂缝观测成果表。

3）观测成果分析说明资料。

4）当建筑物裂缝和基础沉降同时观测时，可选择典型剖面绘制两者的关系曲线。

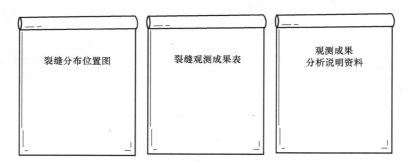

图 6-33　观测成果

 本章小结及综述

1. 为保证建筑物的施工、使用和运行过程中的安全，以及为建筑物的设计、施工、管理及科学研究提供可靠的资料，在建筑物施工和运行期间，需要对建筑物的稳定性进行观测，即为建筑物的变形观测。建筑物变形观测主要包括建筑物沉降观测、建筑物倾斜观测、建筑物位移观测和建筑物裂缝观测等。

2. 变形观测的任务是周期性地对布设在建筑物各部位的观测点进行重复观测，从历次观测的结果中，求得观测点随时间发展的变化情况。依据建筑物的性质、使用情况、周围环境以及对观测精度的要求来选定具体方法。

3. 建筑变形观测的方案，通常是在建筑物的设计阶段，在建筑物地基负载性能试验和研究自然因素对建筑物变形影响的同时，将其作为建筑物的一项设计内容予以制订的。即在施工时就应将其观测标志和设备埋置在设计位置上，从建筑物施工时即开始观测，一直持续到建筑物完全稳定、不再变形为止。

第 7 章

施工安全

本章重点难点提示

1. 了解 ISO 9000 质量管理体系。
2. 了解《建筑施工测量技术规程》DB11/T 446—2007 的内容。
3. 熟悉《中华人民共和国安全生产法》的相关内容。
4. 熟悉施工安全生产中的基本名词术语。
5. 掌握建筑工程施工测量人员安全操作要点。

7.1 施工测量管理体系

1. ISO 9000 质量管理体系（图 7-1）

ISO 是国际标准化组织，是由各国标准化团体（ISO 成员团体）组成的世界性联合会。制定国际标准的工作通常由 ISO 的技术委员会完成。

ISO 9000 由 ISO/TC176/SC2 质量管理和质量保证技术委员会概念与术语分委员会制定。

国际标准化组织（ISO）于 2000 年 12 月 15 日发布了 2000 版的质量管理体系国际标准 ISO 9000：2000 族。由我国国家技术监督局于 2000 年 12 月 28 日正式发布我国的质量管理体系推荐性的标准 GB/T 19000—2000 族，

图 7-1 ISO 9000

规定于 2001 年 6 月 1 日实施,现在通用的是 2008 版标准。

(1) ISO 9000:2000 版的质量管理体系标准的核心文件

1) GB/T 19000—2000 idt ISO 9000:2000 质量管理体系　基础和术语。

2) GB/T 19001—2000 idt ISO 9001:2000 质量管理体系　要求。

3) GB/T 19004—2000 idt ISO 9004:2000 质量管理体系　业绩改进指南。

ISO 9000 质量管理体系标准是吸取了世界各国质量管理和质量保证工作的成功经验,提出了"八项质量管理原则",旨在指导各行各业的质量管理工作,标准的内容是对产品质量要求的补充,而不是替代。企业采用本标准建立、实施质量管理体系以及持续改进其有效性,则可以通过有效的管理活动,提高企业的管理水平,提高企业的产品质量,提高企业各项工作的效率,提高企业的市场竞争能力,满足顾客的要求,增强顾客的满意度。

(2) ISO 9000:2008 版的质量管理体系要求的核心思想。ISO 9000:2008 版的质量管理体系是以顾客为关注的焦点,通过有效的过程管理和管理的系统方法,持续改进质量管理,提供满足顾客要求的产品,并增强顾客的满意度。标准要求按 P、D、C、A (P—策划,D—实施,C—检查,A—改进) 的管理方法对管理职责、资料管理、产品实现和测量、分析和改进四大活动进行管理。

(3) GB/T 19000 质量管理体系标准对施工测量管理工作的基本要求。贯彻 ISO 9000 标准是为了适应国际化的大趋势,与国际接轨的需要,为我国加入 WTO,进一步对外开放,走向国际建筑市场创造有利条件。我国建筑企业多数已经采用了 ISO 9000 质量管理体系标准,各项活动已经纳入质量管理体系标准的要求之中,不少建筑企业也按 GB/T 19001—2000 (ISO 9001:2000) 的要求实施符理,取得了质量管理体系的认证证书。施工测量是建筑企业质量管理的重要活动,是建筑施工的第一道工序,是保证施工结果符合设计要求的关键工序,因此,施工测量也必须按照质量管理体系标准的要求进行管理工作。

对于施工测量管理活动应按质量管理体系标准的要求做好施工测量方案的策划,并实施策划和改进实施的效果。其中应考虑的主要要求如下:

1) 质量管理体系

① 应按施工测量的过程建立质量管理体系,明确施工测量必需的过程、活动及其合理的顺序,明确对过程的控制所需的准则和方法,明确为保证过程实现所应投入的资源 (人力、设备、资金、信息等),明确对过程进行监视、测量和分析的方法,如果有协作单位还应规定对协作单位的控制和协调方法等。

② 应收集与施工测量有关的法规、标准、规程等工作中应依据的文件的有效版本;明确应管理的主要文件,如施工图、放线依据、工程变更以及记录等。

③ 明确施工测量应形成和保留的各种质量记录类型和数量,明确记录人、校核人,明确质量记录的记录要求和保存要求等。

④ 建立制度做好文件的管理,如规定专人管理,建立档案,建立文件目录、及时清理无效文件等 (图 7-2)。

⑤ 对外发放文件如有审批要求时,应明确审批的责任人、审批的时间和审批的方式等。

图 7-2 专人管理，建立档案

2）管理职责

① 在企业质量方针的框架下，明确施工测量的质量目标（图 7-3），如测量定位准确率、测量结果无差错率、配合施工进度的及时率等，作为工作质量的奋斗目标和考核标准。

② 明确工作分工和岗位职责，充分发挥每个人的参与意识和责任心。

③ 为企业领导层的管理评审提供施工测量质量管理实施效果的有关信息。

3）资源管理

① 明确岗位的能力要求，如文化
水平、工作经历、技能要求、培训要求等。

图 7-3 明确施工测量的质量目标

② 建立岗位培训制度，不断提高业务水平，确保工作质量。

③ 明确测量任务所要求的设备类型、规格，如全站仪、经纬仪和水准仪的精度要求等，并按要求配齐数量。

4）产品实现

① 策划施工测量的实施过程，编制施工测量方案，方案中应明确测量的控制目标、工作依据、工作过程、检验标准、检验时机、检验方法，以及对设备、人员和记录的要求等。

② 应了解施工承包合同中双方的权利和义务，重点掌握与施工测量有关的要求；获取施工测量所必需的信息和资料，明确顾客对产品的各种要求。

③ 按策划的结果和法规的要求实施施工测量，为施工提供可靠的依据（控制点、控制线、有关数据等），对施工中的特殊部位应加强监测，保护好测量标志，并正确指导施工人员用好测量标志。

④ 对测量设备应按法规的要求定期进行检定和检校,一旦发现测量设备有失准现象,应立即停工检查,并使用准确的测量设备核实以往测量结果的有效性。

5) 测量、分析和改进

① 要按施工测量方案的要求,对施工测量的过程和结果进行监视和测量,如采用自检、互检和验收的程序,保证施工测量的过程和结果符合顾客的要求,符合设计图和法规的要求等。

我们要开展纠正措施,防止不合格现象再次发生!

② 对施工测量中发现的不合格问题除应纠正达到合格外,还应分析原因,提出纠正措施,防止不合格现象再次发生(图7-4)。

③ 对各类施工测量的结果应采用数据分析的方法进行分析,如计算中误差、分析误差的分布状态,比较以往测量结果的差异,查找应采取的预防措施或应改进的方面等。

④ 要对使用施工测量结果的人员进行访

图 7-4 提出纠正措施

问或调查,了解对所提供的控制点、控制线、有关数据等在使用中的意见以及与施工配合中的问题,以满足顾客要求、增强顾客满意度为努力方向,不断改进施工测量的工作质量。

2. 建筑工程施工测量规程

(1)《建筑施工测量技术规程》内容。《建筑工程施工测量规程》是根据北京市建设委员会组织北京测绘学会、北京建工集团、北京城建集团等有关单位,在总结北京市多年来建筑工程施工测量经验的基础上,参照有关国家规范、标准编制的。2007 年在 DBJ01-21-95 的版上进行了重新修订,推出了当前版本 DB11/T 446—2007。

《建筑工程施工测量规程》共 13 章 62 条。各章分别为:1 总则,2 术语、符号、代号,3 施工测量准备工作,4 平面控制测量,5 高程控制测量,6 建筑物的定位放线和基础施工测量,7 结构施工测量,8 工业建筑施工测量,9 装饰工程和建筑设备安装工程施工测量,10 特殊工程施工测量,11 建筑小区市政工程施工测量,12 变形测量,13 竣工测量和竣工现状总图的测绘。另有附录 25 条及条文说明。

北京市强制性地方标准《建筑工程施工测量规程》DB11/T 446—2007 的发布实施,为北京市建筑施工企业的发展做了基础性的工作。随着首都建设规模的不断扩大,激光技术、光电测距仪和全站仪等先进仪器的使用为北京建筑施工测量走上规范化、现代化创造了前提条件。此标准已在全国推广使用。

(2)测量放线的基本准则。《建筑工程施工测量规程》中规定的测量放线的基本准则如下:

1)认真学习与执行国家法令、政策与规范,明确为工程服务,达到按图施工与对工程进度负责的工作目的。

2)遵守先整体后局部的工作程序。即先测设精度较高的场地整体控制网,再以控制网为依据进行各局部建筑物定位、放线。

3）严格审核测量起始依据的正确性，坚持测量作业与计算工作步步有校核的工作方法。测量起始依据应包括设计图、文件、测量起始点、数据等。

4）测法要科学、简捷，精度要合理，仪器选择要适当，使用要精心，在满足工程需要的前提下，力争做到省工、省时、省费用。

5）定位、放线工作必须执行经自检、互检合格后，由有关主管部门验线的工作制度，还应执行安全、保密等有关规定，用好、管好设计图与有关资料，实测时要当场做好原始记录，测后要及时保护好桩位。

6）紧密配合施工，发扬团结协作、不畏艰难、实事求是、认真负责的工作作风（图7-5）。

图7-5 紧密配合施工

7）虚心学习、及时总结经验，努力开创新局面的工作精神，以适应建筑业不断发展的需要。

（3）测量验线的基本准则。《建筑工程施工测量规程》中规定的测量验线的基本准则如下：

1）验线工作应主动预控。验线工作要从审核施工测量方案开始，在施工的各主要阶段前，均应对施工测量工作提出预防性的要求，以做到防患于未然。

2）验线的依据应原始、正确、有效。主要是设计图、变更洽商与定位依据点位（如红线桩、水准点等）及其数据（如坐标、高程等）要是原始、最后定案有效并正确的资料，因为这些是施工测量的基本依据，若其中有误，在测量放线中多是难以发现的，一旦使用后果不堪设想。

3）仪器与钢尺必须按计量法有关规定进行检定和检校。

4）验线的精度应符合规范要求，要求如下：

① 仪器的精度应适应验线要求，有检定合格证并校正完好。

② 必须按规程作业，观测误差必须小于限差，观测中的系统误差应采取措施进行改正。

③ 验线成果应先行附合（或闭合）校核。

5）验线工作必须独立，尽量与放线工作不相关。主要包括：

① 观测人员。

② 仪器。

③ 测法及观测路线等。

6）验线部位应为关键环节与最弱部位，主要包括：

① 定位依据桩及定位条件。

② 场区平面控制网、主轴线及其控制桩（引桩）。

③ 场区高程控制网及±0.000高程线。

④ 控制网及定位放线中的最弱部位。

7）验线方法及误差处理

① 场区平面控制网与建筑物定位，应在误差计算中评定其最弱部位的精度，并实地验测，精度不符合要求时应重测。

② 细部测量可用不低于原测量放线的精度进行验测，验线成果与原放线成果之间的误差应按以下原则处理：

a. 两者之差小于 $1/\sqrt{2}$ 限差时，对放线工作评为优良。

b. 两者之差略小于或等于 $\sqrt{2}$ 限差时，对放线工作评为合格（可不改正放线成果或取两者的平均值）。

c. 两者之差超过 $\sqrt{2}$ 限差时，原则上不予验收，尤其是要害部位。若为次要部位可令其局部返工。

（4）测量记录的基本要求。《建筑工程施工测量规程》中规定的测量记录的基本要求如下：

1）测量记录应原始真实、数字正确、内容完整、字体工整。

2）记录应填写在规定的表格中。开始应先将表头所列各项内容填好，并熟悉表中所载各项内容与相应的填写位置。

3）记录应当场及时填写清楚，不允许先写在草稿纸上后转抄誊清，以防转抄错误，保持记录的原始性。采用电子记录手簿时，应打印出观测数据。记录数据必须符合法定计量单位。

4）字体要工整、清楚。相应数字及小数点应左右成列、上下成行、一一对齐。记错或算错的数字，不准涂改或擦去重写，应在错数上画一斜线，将正确数字写在错数的上方。

5）记录中数字的位数应反映观测精度。如水准读数应读至 mm，若某读数为 1.33m 时，应记为 1.330m，不应记为 1.33m。

6）记录过程中的简单计算应在现场及时进行，如取平均值等，并做校核。

7）记录人员应及时校对观测所得到的数据，根据所测数据与现场实况，以目估法及时发现观测中的明显错误，如水准测量中读错整米数等。

8）草图、点阵记图应当场勾绘方向，有关数据和地名等应一并标注清楚。

9）注意保密。测量记录多为保密内容，应妥善保管。工作结束后，应上交有关部门保存。

（5）测量计算的基本要求。《建筑工程施工测量规程》中规定的测量计算的基本要求如下：

1）测量计算工作的基本要求是依据正确、方法科学、计算有序、步步校核、结果可靠。

2）外业观测成果是计算工作的依据。计算工作开始前，应对外业记录、草图等认真仔细地逐项审阅与校核，以便熟悉情况并及早发现与处理记录中可能存在的遗漏、错误等问题。

3）计算过程一般应在规定的表格中进行。按外业记录在计算表中填写原始数据时，严防抄错，填好后应换人校对，以免发生转抄错误。这一点必须特别注意，因为抄错原始数据在以后的计算校核中是无法发现的。

4）计算中必须做到步步有校核。各项计算前后联系时，前者经校核无误，后者方可开始。校核方法以独立、有效、科学、简捷为原则选定，常用的方法如下：

① 复算校核：将计算重做一遍，条件许可时最好换人校核，以免因习惯性错误而重蹈覆辙，使校核失去意义。

② 总和校核：例如水准测量中，终点对起点的高差应满足如下条件：

$$\sum h = \sum a - \sum b = H_终 - H_始$$

③ 几何条件校核：例如闭合导线计算中，调整后的各内角之和应满足如下条件：

$$\sum \beta = (n-2)180°$$

④ 变换计算方法校核：例如坐标反算中，按公式计算和计算器程序计算两种方法校核。

⑤ 概略估算校核：在计算之前，可按已知数据与计算公式，预估结果的符号与数值，此结果虽不可能与精确计算之值完全一致，但一般不会有很大差异，这对防止出现计算错误至关重要。

计算校核一般只能发现计算过程中的问题，不能发现原始依据是否有误。

5）计算中所用数字应与观测精度相适应。在不影响成果精度的情况下，要及时合理地删除多余数字，以提高计算速度。删除多余数字时，宜保留到有效数字后一位，以使最后成果中有效数字不受删除数字的影响。删除数字应遵守"四舍、六入、整五凑偶（即单进、双舍）"的原则。

7.2 施工测量安全管理

1. 施工测量的管理工作

（1）施工测量工作应建立的管理制度

1）组织管理制度

① 测量管理机构设置及职责。

② 各级岗位责任制度及职责分工。

③ 人员培训及考核制度。

2）技术管理制度

① 测量成果及资料管理制度。

② 自检复线及验线制度。

③ 交接桩及护桩制度。

3）仪器管理制度

① 仪器定期检定、检校及维护保管制度。

② 仪器操作规程及安全操作制度。

（2）施工测量管理人员的工作职责

1）项目工程师对工程的测量放线工作负技术责任，审核测量方案，组织工程各部位的验线工作。

2）技术员领导测量放线工作，组织放线人员学习并校核图纸，编制工程测量放线方案。

3）质检员参加工程各部位的测量验线工作，并参与签证。

4）施工员（主管工长）对本工程的测量放线工作负直接责任，并参加各分项工程的交接检查，负责填写工程预检单并参与签证。

（3）施工测量技术资料。根据《建设工程文件归档规范》（GB/T 50328—2014）与2003年2月1日实施的北京市地方标准《建筑工程资料管理规程》（DBJ 01-51—2003）及2003年8月1日实施的北京市地方标准《市政基础设施工程资料管理规程》（DBJ 01-71—2003）的规定，施工测量技术资料主要应包括以下内容：

1）测量依据资料

① 当地城市规划管理部门的"建设用地规划许可证及其附件""划拔建设用地文件""建设用地钉桩（红线桩坐标及水准点）通知单（书）"。

② 验线通知书及交接桩记录表。

③ 工程总平面图及图纸会审记录、工程定位测量及检测记录。

④ 有关测量放线方面的设计变更文件及图纸。

2）施工记录资料

① 施工测量方案、现场平面控制网与水准点成果表报验单、审批表及复测记录。

② 工程位置、主要轴线、高程及竖向投测等的"施工测量报验单"与复测记录。

③ 必要的测量原始记录及特殊工程资料（如钢结构工程等）。

3）竣工验收资料

① 竣工测量报告及竣工图。

② 沉降变形观测记录及有关资料。

2. 安全生产管理

（1）安全生产

1）《中华人民共和国安全生产法》（2014版）（简称《安全生产法》）。《安全生产法》第一条规定了立法的宗旨：为了加强安全生产工作，防止和减少生产安全事故，保障人民群众生命和财产安全，促进经济社会持续健康发展，制定本法。

《安全生产法》第一章第三条"坚持安全第一、预防为主、综合治理"是我国安全生产管理的基本方针。

2）《安全生产法》规定有关人员的权利与义务

① 根据《安全生产法》第二章第十八条规定：生产经营单位的主要负责人对本单位安全生产工作负有下列职责：

a. 建立、健全本单位安全生产责任制。

b. 组织制定本单位安全生产规章制度和操作规程。

c. 组织制定实施本单位安全生产教育和培训计划。

d. 保证本单位安全生产投入的有效实施。

e. 督促、检查本单位的安全生产工作，及时消除生产安全事故隐患。

f. 组织制定并实施本单位的生产安全事故应急救援预案。

g. 及时、如实报告生产安全事故。

② 根据《安全生产法》第三章规定，从业人员的权利与义务主要内容如下：

a. 生产经营单位与从业人员订立的劳动合同，应当载明有关保障从业人员劳动安全、防止职业危害的事项，以及依法为从业人员办理工伤保险的事项。

生产经营单位不得以任何形式与从业人员订立协议，免除或者减轻其对从业人员因生产安全事故伤亡依法应承担的责任。

b. 生产经营单位的从业人员有权了解其作业场所和工作岗位存在的危险因素、防范措施及事故应急措施，有权对本单位的安全生产工作提出建议。

c. 从业人员有权对本单位安全生产工作中存在的问题提出批评、检举、控告；有权拒绝违章指挥和强令冒险作业。

生产经营单位不得因从业人员对本单位安全生产工作提出批评、检举、控告或者拒绝违章指挥、强令冒险作业而降低其工资、福利等待遇或者解除与其订立的劳动合同。

d. 从业人员发现直接危及人身安全的紧急情况时，有权停止作业或者在采取可能的应急措施后撤离作业场所（图7-6）。

生产经营单位不得因从业人员在前款紧急情况下停止作业或者采取紧急撤离措施而降低其工资、福利等待遇或者解除与其订立的劳动合同。

e. 因生产安全事故受到损害的从业人员，除依法享有工伤保险外，依照有关民事法律尚有获得赔偿的权利，有权向本单位提出赔偿要求（图7-7）。

图 7-6　紧急情况时撤离作业场所

图 7-7　工伤赔偿

f. 从业人员在作业过程中，应当严格遵守本单位的安全生产规章制度和操作规程，服从管理，正确佩戴和使用劳动防护用品（图7-8）。

g. 从业人员应当接受安全生产教育和培训，掌握本职工作所需的安全生产知识，提高安全生产技能，增强事故预防和应急处理能力。

h. 从业人员发现事故隐患或者其他不安全因素，应当立即向现场安全生产管理人员或者本单位负责人报告；接到报告的人员应当及时予以处理。

i. 工会有权对建设项目的安全设施与主体工程同时设计、同时施工、同时投入生产和使用进行监督，提出意见。

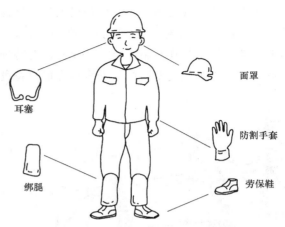

图7-8　正确佩戴和使用劳动防护用品

工会对生产经营单位违反安全生产法律、法规，侵犯从业人员合法权益的行为，有权要求纠正；发现生产经营单位违章指挥、强令冒险作业或者发现事故隐患时，有权提出解决的建议，生产经营单位应当及时研究答复；发现危及从业人员生命安全的情况时，有权向生产经营单位建议组织从业人员撤离危险场所，生产经营单位必须立即作出处理。

工会有权依法参加事故调查，向有关部门提出处理意见，并要求追究有关人员的责任。

j. 生产经营单位使用被派遣劳动者的，被派遣劳动者享有本法规定的从业人员的权利，并应当履行本法规定的从业人员的义务。

3）建筑业的有关安全规程、规范

① 建筑业是有较大危险性的行业。目前我国建筑行业仍然是以现场手工操作为主的劳动密集型行业。在一个大中型的施工现场，一般均有数百上千名素质差异较大的施工人员在露天、立体（高处和地下）交叉作业，而且使用种类众多的施工机械与电气设备。因此，施工现场发生伤亡事故是在所难免的。据全国伤亡事故统计，建筑业伤亡事故率仅次于矿山行业，是有较大危险性的行业。

② 建筑行业中的五大伤害（图7-9）。分别是高处坠落、触电事故、物体打击、机械伤害及坍塌事故。这五种事故是建筑业最常发生的事故，占事故总数的85%以上。

图7-9　五大伤害

③ 国务院、建设部与北京市建委制定的有关安全生产的规程、规范。建设主管部门对安全生产一贯是重视的，早在1956年国务院就颁布了《建筑安装工程安全技术规程》。改革开放以来，各级领导部门更是针对建筑业特点制定并颁布了大量的有关安全生产的规范、规程。

4）施工安全生产中的基本名词术语

①"三级"安全教育。对新进场人员、转换工作岗位人员和离岗后重新上岗人员，必须进行上岗前的"三级"安全教育，即公司教育、项目教育与班组教育，以使从业人员学到必要的劳保知识与规章制度要求。此外，对特种作业人员，如架子工（图7-10）、电工（图7-11）等还必须经过专门国家安全培训取得特种作业资格。

图 7-10 架子工

图 7-11 电工

② 做到"三不伤害"（图7-12）。在生产劳动中要处处、时时注意做到"三不伤害"，即我不伤害自己，我不伤害他人，我不被他人伤害。

我不受伤

不让别人受伤

不发生意外事故

图 7-12 "三不伤害"

③ 正确用好"三宝"（图7-13）。进入施工现场必须正确佩戴安全帽；在高处（指高差2m或2m以上者）作业、无可靠安全防护设施时，必须系好安全带；高处作业平台四周要有1~1.2m的密闭的安全网。

安全帽

安全带

安全网

图 7-13 建筑"三宝"

④ 做好"四口"防护。建筑施工中的"四口"是指楼梯口、电梯口、预留洞口和出入口（也叫通道口）。"四口"是高处坠落的重要原因。因此，应根据洞口大小、位置的不同，按施工方案的要求封闭牢固、严密，任何人不得随意拆除，如工作需要拆除，须经工地负责人批准（图7-14）。

⑤ 造成事故原因的"三违"。是指负责人的违章指挥、从业人员的违章作业与违反劳动纪律。统计数字表明70%以上的事故都是由"三违"造成的。

图7-14　洞口封闭牢固，不得随意拆除

⑥ 处理事故中的"四不放过"。施工现场一旦发生事故，要立即向上级报告，不得隐瞒不报，并按"四不放过"原则进行调查分析和处理。"四不放过"是指事故原因没有调查清楚不放过，事故责任人没有严肃处理不放过，广大职工没有受到教育不放过，针对事故的防范措施没有真正落实不放过。

（2）施工测量人员的安全生产

1）施工测量人员在施工现场作业中必须特别注意安全生产。施工测量人员在施工现场虽比不上架子工、电工或爆破工遇到的险情多，但是测量放线工作的需要使测量人员在安全隐患方面有"八多"。

① 要去的地方多、观测环境变化多。测量放线工作从基坑到封顶，从室内结构到室外管线的各个施工角落均要放线，所以要去的地方多，且各测站上的观测环境变化多。

② 接触的工种多、立体交叉作业多。测量放线从打护坡桩挖土到结构支模，从预留埋件的定位到室内外装饰设备的安装，需要接触的工种多，相互配合多，尤其是相互立体交叉作业多。

③ 在现场工作时间多、天气变化多。测量人员每天早晨上班早，要检查线位桩点；下午下班晚，要查清施工进度安排明天的工作。中午工地人少，正适合加班放线以满足下午施工的需要，所以施工测量人员在现场工作时间多；天气变化多也应尽量适应。

④ 测量仪器贵重，各种附件与斧锤、墨斗工具多，触电机会多。测量仪器怕摔砸，斧锤怕失手，垂球怕坠落，人员怕踩空跌落；现场电焊机、临时电线多，测量放线人员多使用钢卷尺与铝质水准尺，因此，触电机会多。

总之，测量人员在现场放线中，要精神集中地进行观测与计算。周围的环境千变万化，上述的"八多"隐患均有造成人身或仪器损伤的可能。为此，测量人员必须在制订测量放线方案中，根据现场情况按"预防为主"的方针，在每个测量环节中落实安全生产的具体措施，并在现场放线中严格遵守安全规章，时时处处谨慎作业，既要做到测量成果好，更要人身仪器双安全。

2）市政工程施工测量人员安全操作要点

① 进入施工现场必须按规定佩戴安全防护用品。

② 作业时必须避让机械，躲开坑、槽、井，选择安全的路线和地点。

③ 上下沟槽、基坑应走安全梯或马道，在槽、基坑底作业前必须检查槽帮的稳定性，确认安全后再下槽、基坑作业。

④ 高处作业必须走安全梯（图7-15）或马道（图7-16），临边作业时必须采取防坠落的措施。

图7-15　安全梯

图7-16　马道

⑤ 在社会道路上作业时必须遵守交通规则，并根据现场情况采取防护、警示措施，避让车辆，必要时设专人监护。

⑥ 进入井、深基坑（槽）及构筑物内作业时，应在地面进出口处设专人监护。

⑦ 机械运转时，不得在机械运转范围内作业。

⑧ 测量作业钉桩前应检查锤头的牢固性，作业时与他人协调配合，不得正对他人抡锤。

⑨ 需在河流、湖泊等水中测量作业前，必须先征得主管单位的同意，掌握水深、流速等情况，并根据现场情况采取防溺水措施。

⑩ 冬期施工不应在冰上进行作业。严冬期间需在冰上作业时，必须在作业前进行现场探测，充分掌握冰层厚度，确认安全后方可在冰上作业。

3）建筑工程施工测量人员安全操作要点：

① 为贯彻"安全第一、预防为主"的基本方针，在制订测量放线方案中，要针对施工安排和施工现场的具体情况，在各个测量阶段落实安全生产措施，做到预防为主。尤其是人身与仪器的安全。尽量减少立体作业，以防坠落与摔砸。如平面网站的布设要远离施工建筑物；内控法做竖向投测时，要在仪器上方采取可靠措施等。

② 对新参加测量的工作人员，在做好测量放线、验线应遵守的基本准则教育的同时，针对测量放线工作存在安全隐患"八多"的特点，进行安全操作教育，使其能严格遵守安全规章制度；现场作业必须戴好安全帽，高处或临边作业要绑扎安全带。

③ 各施工层上作业要注意"四口"安全（图7-17），不得从洞口或井字架上下，防止坠落。

④ 上下沟槽、基坑或登高作业应走安全梯或马道。在槽、基坑底作业前必须检查槽帮的稳定性，确认安全后再下槽、基坑作业。

⑤ 在脚手板（图7-18）上行走时要防踩空或板悬挑。在楼板临边放线，不要紧靠防护设备，严防高处坠落；机械运转时，不得在机械运转范围内作业。

图7-17 注意"四口"安全

图7-18 脚手板

⑥ 测量作业钉桩前应检查锤头的牢固性，作业时与他人协调配合，不得正对他人抢锤。

⑦ 楼层上钢卷尺量距要远离电焊机和机电设备，用铝质水准尺抄平时要防止碰撞架空电线，以防造成触电事故。

⑧ 仪器不得已安置在光滑的水泥地面上时要有防滑措施，如三脚架尖要插入土中或小坑内，以防滑倒，仪器安置后必须设专人看护，在强阳光下或安全网下都要打伞防护；夜间或黑暗处作业时，应配备必要的安全照明设备。

⑨ 如患有高血压、心脏病等不宜登高作业疾病者，不宜进行高处作业。

⑩ 操作时必须精神集中，不得玩笑打闹，或往楼下或低处抛掷杂物，以免伤人、砸物。

4）建筑变形测量安全操作要点：

① 进入施工现场必须佩戴好安全用具（图7-19），戴好安全帽并系好帽带；不得穿拖鞋、短裤及宽松衣物进入施工现场。

② 在场内、场外道路进行作业时，要注意来往车辆，防止发生交通事故。

③ 作业人员处在建筑物边沿等可能坠落的区域应佩戴好安全带，并挂在牢固位置，未到达安全位置不得松开安全带。

④ 在建筑物外侧区域立尺等作业时，要注意作业区域上方是否交叉作业，防止上方坠物伤人。

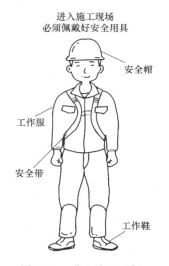

图7-19 进入施工现场必须佩戴好安全用具

本章小结及综述

测量放线工在实际工作中，一定要做好安全防护工作，可以从以下几方面入手：

1. 进行施工测量放线应学习执行国家法令、规范，对施工质量与进度负责。

2. 应遵守先整体后局部的工作程序，即先测设精度较高的场地整体控制网，再以控制网为依据进行各局部建（构）筑物的定位、放线。

3. 应校核测量起始依据，如设计图纸文件、测量起始点位、数据等的正确性，坚持测量作业与计算工作步步校核。

4. 测量方法应科学，精度应合理相衬，仪器精度选择适当，使用精心，在满足工程需要的前提下，力争做到节省费用。

5. 定位、放线工作应经自检、互检合格后，由上级主管部门验线；此外，还应执行施工安全等有关规定，并保管好设计图纸与技术资料，观测时应当场做好记录，测后应及时保护好桩位。

参 考 文 献

[1] 魏静. 建筑工程测量 [M]. 北京：机械工业出版社，2008.

[2] 靳晓勇. 测量放线工 [M]. 北京：中国铁道出版社，2012.

[3] 唐小林. 测量放线工 [M]. 重庆：重庆大学出版社，2008.

[4] 王欣龙. 测量放线工必备技能 [M]. 北京：化学工业出版社，2012.

[5] 李幸燕. 99 个关键词学会测量放线工技能 [M]. 北京：化学工业出版社，2015.

[6] 危凤海. 测量放线工 [M]. 北京：清华大学出版社，2014.

[7] 徐树峰. 施工测量放线新手入门 [M]. 北京：中国电力出版社，2014.

[8] 北京土木建筑学会. 图说测量放线工现场操作技能 [M]. 北京：中国电力出版社，2014.

[9] 赵桂生，焦有权. 测量放线工入门与技巧 [M]. 北京：化学工业出版社，2013.